60

Krumbiegel / Krumbiegel · **Bernstein**

Bildautoren

Archiv Dolni Bilina, Bilin/Tschechien (1)
Archiv Zarskoje Selo, Rußland (1)
M. Barthel, Berlin (3)
R. Baudenbacher, Leipzig (1)
D. Brandt, Halle/S. (3)
Burgmuseum Malbork, Polen (1)
Distriktmuseum Łomża, Polen (2)
M. Drapikowski, Gdańsk, Polen (2)
G. Gierłowska, Gdańsk, Polen (2)
W. Gierłowski, Gdańsk, Polen (1)
J. Kintzel, Sellin/Rügen (2)
B. Klett, Halle/S. (1)
J. Koteja, Krakow, Polen (1)
A. Krumbiegel, Halle/S. (8)
G. Krumbiegel, Halle/S. (49)
J. Kupryjanowicz, Białystok, Polen (10)
M. Mazurkiewicz, Gdańsk, Polen (1)
M. Meise, Halle/S. (3)
R. M. Meyer, Seattle/USA (3)
H. Mohr-Mayer, Pforzheim (2)
P. Müller, Löbnitz/Sachsen-Anhalt (4)
Polska Akademia Nauk, Muzeum Ziemi,
B. Kosmowska-Ceranowicz, Warszawa, Polen (6)
C. Radke, Berlin (2)
R. Reinicke, Stralsund (1)
J. F. Ross, Chery Chase, Maryland/USA (1)
R. Rössler, Chemnitz (2)
B. Rudnicka, Warszawa, Polen (1)
Ruhrgas AG, Essen (3)
W. Sauer, Lohsa/OL. (1)
D. Schlee, Stuttgart (4)
E. Sontag, Gdańsk, Polen (8)
Stadtmuseum, Ingolstadt (2)

Günter Krumbiegel / Brigitte Krumbiegel

Bernstein

Fossile Harze aus aller Welt

edition
Goldschneck

Bibliografische Information Der Deutschen Bibliothek
Die Deutsche Bibliothek verzeichnet diese Publikation in der Deutschen Nationalbibliografie; detaillierte bibliografische Daten sind im Internet über http://dnb.ddb.de abrufbar.

3., überarbeitete und erweiterte Auflage 2005

Titelfotos:
Vorderseite: Blauer Dominikanischer Bernstein, Foto: D. SCHLEE (rechts oben)
Bernsteinklumpen, Baltischer Bernstein, Foto: J. KINTZEL (Mitte)
Larve einer Schabe (Blattodea), Baltischer Bernstein, Foto: J. KUPRYJANOWICZ (unten)
Rückseite: Eidechse (*Succinilacerta succinea*), Baltischer Bernstein, Foto: G. GIERŁOWSKA

Druck und Verarbeitung: Media-Print Informationstechnologie, Paderborn
Printed in Germany/Imprimé en Allemagne

ISBN 3-494-01400-0

Inhalt

Einleitung

Bernstein, das honiggelbe und leuchtend schimmernde „organische Mineral", erregte schon seit Jahrtausenden die Aufmerksamkeit und das Interesse der Menschen und fasziniert uns heute noch immer. Bernstein ist der Name eines fossilen Harzes, das von verschiedenartigsten Bäumen stammt und von Archäologen und Ethnographen untersucht wird. Gleichzeitig ist er Untersuchungsgegenstand vieler Naturwissenschaftler, wie Geologen, Paläontologen, Mineralogen, Chemiker, Botaniker, Zoologen, Entomologen und auch Mediziner. Nicht minder häufig beschäftigen sich Historiker und Kunsthistoriker mit seiner oft aufregenden Geschichte über Jahrhunderte und Jahrtausende hinweg. Bernstein gehört zu den ältesten Schmucksteinen, die von der Menschheit aufgesammelt, ausgegraben und verarbeitet wurden – und werden.
Seine ungewöhnlichen Eigenschaften, seine Vielseitigkeit und ein faszinierender Reiz seiner Schönheit sind Anlaß, daß Forscher und Fachleute und weite Gesellschaftskreise sich mit dem „Bernsteinphänomen" beschäftigen, um an ihm zu lernen und sich an ihm zu freuen.

Danksagung

Die Manuskripterarbeitung dieses Bandes erfolgte mit finanzieller Unterstützung durch die MIBRAG – Vereinigte Mitteldeutsche Braunkohlenwerke AG, Abteilung Presse/Öffentlichkeitsarbeit, Bitterfeld-Theißen (Sachsen-Anhalt) und durch Bereitstellung von Material durch das Muzeum Ziemi, Polska Akademia Nauk, Warszawa/Polen, das Zoologische Museum, Polska Akademia Nauk, Krakow/Polen, das Distriktmuseum Łomża, Polen sowie W. Sauer, Lohsa/OL., G. Bechly, Löwentormuseum Stuttgart und Frau E. Kuster, Bernsteinmuseum Bad Füssing (Niederbayern). Den genannten Institutionen und Personen gilt der Dank der Autoren. Besonders danken möchten wir unseren polnischen Freunden B. Kosmowska-Ceranowicz Muzeum Ziemi/PAN, Warszawa; E. Sontag, Museum der Inklusen Universität Gdańsk-Gdynia; J. Kupryjanowicz, Zoologisches Institut, Universität Białystok und Ehepaar W. und G. Gierłowski, Gdańsk sowie E. Rachoń, der Vizepräsidentin der International Amber Association of Poland, Gdańsk für kooperative Hilfe und Zusammenarbeit. Schließlich danken die Autoren dem Goldschneck-Verlag sowie seinen Mitarbeitern für die jederzeit gute und kooperative Zusammenarbeit und dem Quelle & Meyer Verlag.

Spuren des Bernsteins in der Geschichte

Die Geschichte des Bernsteins reicht bis in früheste Zeiten zurück. Bereits der Mensch der Älteren Steinzeit (Paläolithikum; 70000-10300 v.Chr.) schätzte den Bernstein als „Edelstein“ und hat ihn getauscht. Vereinzelte Bernsteinstücke fand man in verschiedenen Höhlenbehausungen des Paläolithikums in Mähren und Niederösterreich, in den Pyrenäen und in Frankreich. Älteste paläolithische Amulette wurden in Nordstemmen bei Alfeld gefunden (30000 v. Chr.). Die Figur des Pferdes von Meiendorf bei Hamburg gehört zum paläolithischen Schmuck. Ebensolchen Bernsteinschmuck fand man in Polen in der Woiwodschaft Leszno. Funde der Jüngeren Steinzeit (Neolithikum; 6000-3800 v. Chr.) gibt es sehr zahlreich in Schweden, Dänemark, Norddeutschland, Polen bis Ungarn. In diesem Zeitraum sind Amulette und Schmuck aus Bernstein keine seltenen Grabbeigaben. Eine der bedeutendsten Werkstätten von Bernsteinerzeugnissen liegt in Niedźwiedziówka (Abb. unten) im Weichselwerder in Polen (Rzucewo-Kultur; 2200-1700 v. Chr.). Auch ein Fund von 267 Bernsteinstücken bei Nowgorod (Rußland) erlangte Bedeutung.

Mit Beginn der Bronze- und Eisenzeit spielte der Bernstein eine noch größere Rolle, wie das Bernsteincollier von Ingolstadt und die Funde von Freising beweisen (Rieder 1998, Moosbauer und Bachmaier 2000). Polen und Jütland bilden hier Hauptzentren und Quellen des Bernsteins (Hokkergräberfunde). Er findet nunmehr durch Handelsverbindungen eine weite Verbreitung nach Süden in den Mittelmeerraum bis nach Italien und Griechenland. Von den Küsten des westlichen Mittelmeeres brachten ihn die Phönizier auch nach dem Nahen Osten. Dort finden sich vereinzelte Vorkommen von Bernsteinperlen in vorderasiatischen und assyrischen Grabstätten aus der Zeit seit 1500

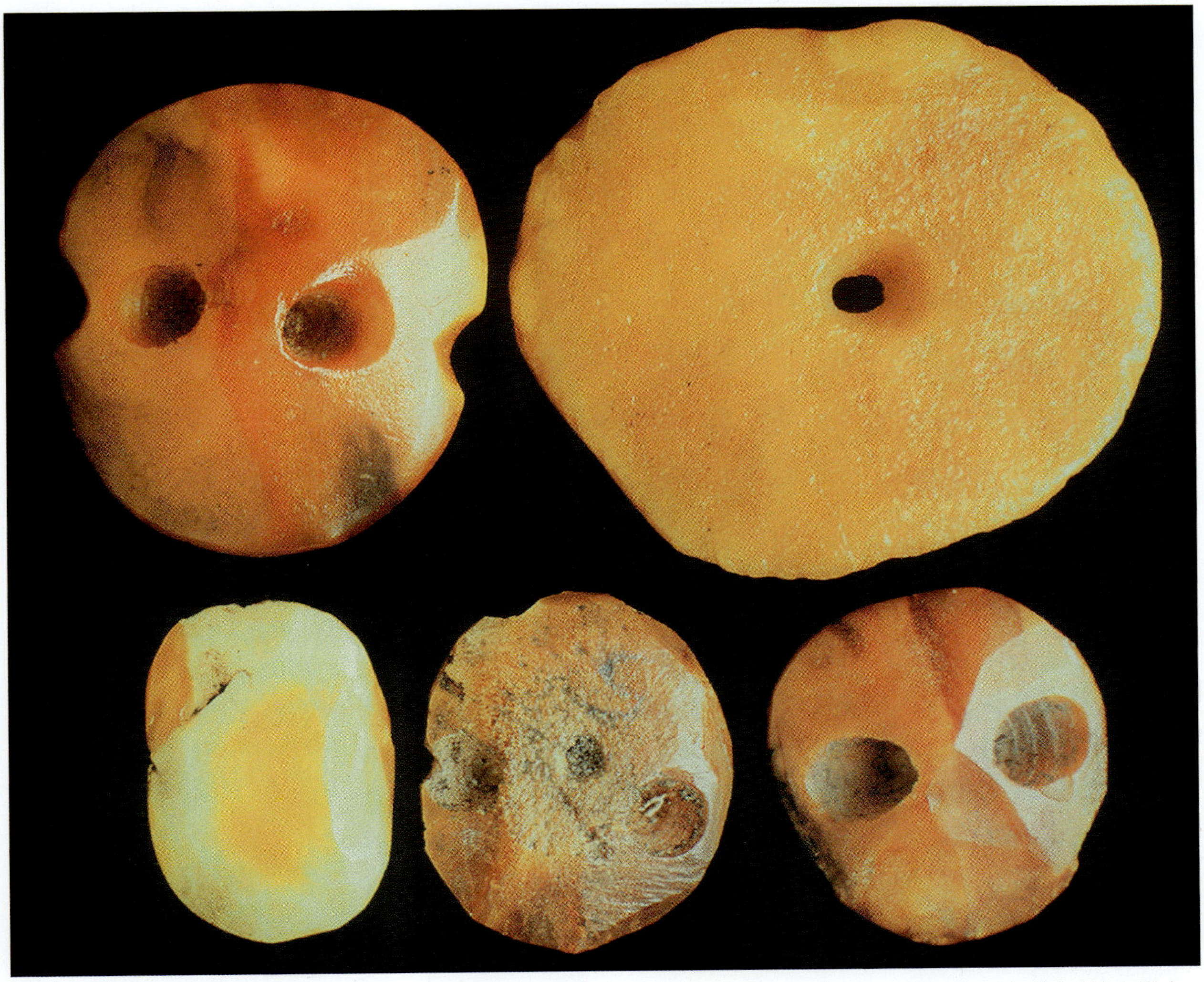

Jungsteinzeitliche Knöpfe und symmetrische Schmuckanhänger aus Bernstein. Kultur von Rzucewo (2200–1700 v. Chr.). Niedźwiedziówka/Polen. Foto: Muzeum Ziemi/PAN, Warszawa

v. Chr. und in kaukasischen Gräbern um 1100 v. Chr. Aus der gleichen Zeit stammen die berühmten Bernsteinperlen (über 1000 Stück) aus den mykenischen Kuppelgräbern (SCHLIEMANN). Auch HOMER erwähnte Bernsteinschmuck in den Händen phönizischer Kaufleute.

Aus dem 10. Jahrhundert v. Chr. stammt eine Inschrift auf einem ägyptischen Obelisken in assyrischer Keilschrift, die auf Bernstein hindeutet: „In den Meeren der Polarwinde fischten Karawanen Perlen, in den Meeren, wo der Polarstern im Zenith steht, Bernstein."

Der prähistorische Handel mit Bernstein ist an nur wenige Verkehrswege zwischen Norden und Süden gebunden, die sich aufgrund beachtlicher Depot- oder Lagerfunde, bis zu 12 Zentner Rohbernstein enthaltend, dokumentieren lassen. Diese sogenannten Bernsteinstraßen folgten meist den wichtigsten Flußläufen:

1. Elbe – Moldau – Donau oder Elbe – Saale – Rhein und später Elbe – Carnuntum (Donaugrenze, stärkste römische Festung im pannonischen Raum bei Deutsch Altenburg) – Aquileia.
2. Weichsel – Donau und Dnjestr oder Wolga bis zum Schwarzen Meer.
3. Nordsee – Rhein – Rhône bis in den Raum von Genua.

Sichere Nachrichten, den Bernstein betreffend, findet man in der „Naturgeschichte", Historia naturalis, von PLINIUS dem Älteren (24-79 n. Chr.). Allein vier Kapitel beschäftigen sich mit dem Thema Bernstein. Im Rom der Kaiserzeit trieb man mit Bernstein einen ungeheueren Luxus. Es gab eine Bernstein-Mode. Man trank aus Bernstein-Gefäßen. Wegen seines aromatischen Geruchs beim Verbrennen benutzte man ihn als Räucherpulver. Bei den Gladiatorenspielen waren die Netze der Kämpfer mit Bernsteinstücken verziert. Römische Lebedamen färbten ihre Haare bernsteinfarben. Aus Epigrammen des MARTIAL (lateinischer Dichter, 38/41 n. Chr. – 100) wird die tiefe Verehrung, die man dem Bernstein entgegenbrachte, deutlich: „Deine Küsse duften wie geriebener Bernstein" oder „Sie duftet wie ein Bernsteinstück, das mit der Hand gerieben".

Seine Wertschätzung im Dienste des Luxus war so groß, daß eine kleine Bernsteinfigur teurer bezahlt wurde als ein Sklave.

Auch hygienisch und medizinisch verwertete man ihn. In Gegenden mit schlechtem Wasser z. B. trugen die Bauersfrauen Bernsteingeschmeide um den Hals als Mittel gegen Anschwellungen (Kropf).

Im römischen Kaiserreich scheint Aquileia das Zentrum der Bernsteinbearbeitung gewesen zu sein. Von hier aus wurde Handel über ganz Italien und bis nach Dalmatien getrieben. Die Wertschätzung des Bernsteins überdauerte den Untergang des Weströmischen Reiches.

Im frühen Mittelalter gelangte der Bernstein nicht nur über die Alpen nach Süden, sondern auch durch Rußland zum Schwarzen Meer und von da aus in den Mittelmeerraum. Auch die Länder des Islams kauften das Harz aus dem Norden. Ein Beweis sind umfangreiche Münzfunde in Nord- und Osteuropa, die auf entsprechende Tauschgeschäfte hindeuten. Ein bedeutender Umschlageplatz war Bulgar an der Wolga, von wo aus die Handelswege weiter nach Indien und China (Seidenstraße) führten. Bernstein nahm hier eine nur untergeordnete Rolle als Handelsobjekt ein. Erst im 10. Jahrhundert spielte Bernstein in der arabischen Medizin wieder eine Rolle. Von den Mohammedanern eingeführt, wurde Bernstein in großen Mengen verwendet, als die Gebetsschnur, Teshbi genannt, üblich wur-

Der bronzezeitliche Bernsteinschmuck von Ingolstadt (ca. 1400 v.Chr.). Das Bernstein-Collier (Stadtmuseum Ingolstadt) selten getragener Schmuck einer sehr reichen Frau, bestehend aus ehemals mehr als 2700 kleinen Perlen und einem Kettenschieber. Gesamtlänge von knapp 8 m und von braundunkelroter und -oranger Farbe. Gesamtgewicht des Bernsteins etwa 415 g. Foto: A. MITTERMÜLLER

de. Sie besteht aus 99 Perlen, meist schwarzen Bernsteins.

Die Handelsstraßen im Osten Europas verloren nach der verkehrsmäßigen Erschließung der Alpenpässe wieder an Bedeutung und mehr und mehr wurde Italien das Land mit den bedeutendsten Umschlagplätzen für Bernstein, z. B. über Venedig, nach Sizilien und Ägypten.

Im Orient fand man Bernstein auf den Juwelenmärkten. In Kairo existierte am Ende des 13. Jahrhunderts ein spezieller Markt für Bernsteinhandel: Funduq al' Anbar. Hier wurde Bernstein als Schmuck, als Talisman und pulverisiert als Heilmittel (GIERŁOWSKA 2004) verkauft und verwendet.

Im Norden bildete zu vorhanseatischer Zeit in Schleswig-Holstein der Hafen der Wikinger, Haithabu (bei Schleswig), vom 9.-11. Jahrhundert den Sammel- und Hauptumschlagplatz zwischen Ost- und Nordsee und nach Skandinavien für Pelze, Sklaven und Bernstein.

Erst mit dem Vorstoß der Deutschordensritter Mitte des 13. Jahrhunderts nach Pommern und Westpreußen taucht Bernstein, das Samländische Gold, in ersten Schriftquellen wieder in das Licht der Geschichte ein. Sie erkannten schnell den ungewöhnlichen Bernsteinreichtum der Küste und die Chance, durch organisierten Bernsteinhandel den Wohlstand und den Reichtum des Ordens zu begründen und zu mehren. Der Bernstein wurde zu einem ausschließlich in den Händen des Ordens liegenden Regal. D. h., nur die Landesherrschaft, wie z. B. 1264 der Deutschordensbischof von Samland, hatte das Recht, den Bernstein zu gewinnen. Er konnte die Bernsteingewinnung auch verpachten, wie beispielsweise 1312 an die Fischer von Danzig oder 1342 an den Abt des Klosters Oliwa bei Danzig. Damit besaß der Deutschritterorden das Monopol auf Bernstein im baltischen Fundgebiet.

Die Art der Bernsteinverwaltung blieb in den Jahrhunderten unter dem Orden immer die gleiche, die Aufsicht über den Strand und den Bernsteinertrag lag in den Händen eines in Lochstädt (nordöstlich von Pillau) amtierenden Ordensbruders, des Bernsteinmeisters.

Dieser führte die Aufsicht über die Lochstädter Bernsteinkammer (Sammelstelle) und über die zum Sammeln verpflichteten Strandbauern. Aus der Lochstädter Kammer wie aus der

In der Werkstatt eines Paternostermachers. Herstellung von Rosenkränzen. Stich aus dem Werk „Künstler und Handwerker" von C. WEIGEL, Regensburg 1698

bischöflichen Bernsteinkammer in Fischhausen, wo der Bernstein sortiert und in Tonnen verpackt wurde, kam der Bernstein an den Großschäffer in Königsberg, der für den Verkauf dem Ordensmarschall Rechnung legen mußte. Von hier ging die gesamte Handelsware nach Lübeck und Brügge, wo die „Paternostermacher" den Bernstein vorwiegend zu Rosenkränzen verarbeiteten. Bis zum Ende des 15. Jahrhunderts durften nur diese beiden Städte den Bernstein verarbeiten und über Zunftmitglieder und Fernhändler auf Märkten in Köln, Frankfurt/Main, Nürnberg und Venedig anbieten. Das „Lübeck-Brügger-Bezugs- und Verarbeitungsmonopol" bewährte sich bis 1454, dann ging das Bernsteinregal an die preußischen Städte über, und seit 1477 gab es auch in Danzig eine Bernsteinmacherzunft. Das Bernsteinregal wurde vom Orden mit großer Strenge gegen die Bevölkerung durchgesetzt: niemand durfte Bernstein besitzen, unbefugtes Auflesen von Bernstein am Strand wurde mit Aufhängen am Galgen bestraft, um nur ein Beispiel der Willkür zu nennen. So schrieb ein Königsberger Chronist: „Es hat für uns der Bernstein viel Unglück zugerichtet" .

Unter dem letzten Hochmeister Herzog Albrecht, der seit 1525 erster Herzog von Preußen war, begann eine Absatzkrise. Die Reformation in Mitteleuropa verursachte einen erheblichen Rückgang des Absatzes der Rosenkränze, für deren Herstellung bis dahin fast das gesamte Fundmaterial verarbeitet worden war. Infolgedessen wurde das Handelsmonopol an die Danziger Kaufleute abgegeben.

1533 schloß Herzog Albrecht, der Lehnsmann Polens, mit der Danziger Kaufmannsfamilie P. KOEHN von JASKY einen Vertrag, der diesem auf ewige Zeiten das Anrecht auf allen gefundenen Bernstein verlieh, aber auch das ganze Risiko für den Bernsteinabsatz überließ. Ausgenommen aber blieb der Verkauf des damals am begehrtesten weißen Bernsteins. Er war bis 1642 ein Privileg des Ordens.

Erst 1642 gelang es dem Großen Kurfürsten, Friedrich Wilhelm (1640-1688), durch Zahlung einer Abstandssumme von 40 000 Talern den Kontrakt mit der Familie Jasky zu lösen. Die Bernsteingewinnung lag nun in den Händen der preußischen Landesherrschaft. 1643 erhielten die Bernsteindreherzünfte jedoch den jährlich anfallenden Bernstein für eine feste Summe zugesprochen. Die größten und bedeutendsten Stücke wurden einzeln auf öffentlichen Versteigerungen verkauft. Diese Verfahrensweise hielt an bis zum Beginn des 19. Jahrhunderts.

Aus dieser Zeit (1713) stammt das wohl berühmteste Kunstwerk der Danziger Bernsteinmeister, das „Bernsteinzimmer" für König Friedrich I. von Preußen (Enke 1986, Wermusch 1991, Bardovskaja und Grigorowitsch 1991, Owsjanow 2002, Semjonowa und Minin 2003).

Das Jahr 1811 brachte die Verpachtung des gesamten Bernsteingeschäftes an private Unternehmer. Es entstanden Konsortien und Bernsteinpächter, und seit 1836 konnte auch die Strandbevölkerung pachten. Der Strand wurde wieder frei. Jeder durfte fortan Bernstein sammeln und verkaufen. Von dem Erlös ging eine Pachtsumme von 10 000 Talern ab. Ein Überschuß, anfangs 1000 Taler, stand den Strandbewohnern zu und wurde unter ihnen verteilt. So verfuhr man bis etwa 1867. Da der Privatabbau aber stellenweise zu erheblichen Zerstörungen der Landschaft geführt hatte, insbesondere im Küstenbereich, griff der Staat erneut ein, um eine bergbaumäßig fachmännische Gewinnung der Bernsteinvorräte zu gewährleisten. Die Firma Stantien und Becker in Königsberg/Ostpreußen (Brekenfeld 1991) pachtete die ganze Gewinnung (vgl. Abb. S. 67 und Text, S. 65). Bis 1896 behielt dieses Großunternehmen die Monopolstellung. Die geologische Wissenschaft ehrte die beiden Begründer der modernen Bernsteinwirtschaft, indem sie zwei bernsteinähnliche Harze mit ihren Namen belegte: Stantienit und Beckerit (s. S. 34).

1899 ging das größte private Bernsteinunternehmen aller Zeiten in den Besitz des preußischen Staates über. Es wurden die „Königlichen Bernsteinwerke zu Königsberg i. Pr." gegründet, denen nunmehr die weitere Ausbeutung der samländischen Bernsteinvorkommen oblag. Bedingt durch den Ersten Weltkrieg, aber vor allem durch die fortschreitende Technisierung des Bergbaues zog sich der Staat erneut aus der Bernsteingewinnung zurück. Von 1924 bis 1945 wurden die Samländischen Bernsteinvorkommen von der Preußischen Bergwerks- und Hütten-Aktiengesellschaft (Preussag) ausgebeutet (Erichson und Tomczyk 1998).

1947 wurde im neuentstandenen Oblast Kaliningrad der RSFSR der von den Faschisten zerstörte Förderbetrieb im heutigen Jantarnyj (Bernsteinort = Palmnicken) neu organisiert und wieder aufgenommen (Tagebaue Primorskoje und Pljascheskij). Bis 1948 wurden die Vorräte aus der Zeit vor 1945 verarbeitet. Die Gewinnung des Bernsteins erfolgt heute auf hydraulischem Wege (Kostiaszowa 1995, 1997) (Abb. S. 68-69).

Das Kaliningrader Bernsteinkombinat „YANTAR" war bis vor kurzem das größte Bergbauunternehmen in der Welt, das Bernstein fördert und gleichzeitig verarbeiten läßt. 90 % der Weltförderung kommen von der Kaliningrader Halbinsel. Die Jahresförderung beträgt ca. 700 Tonnen Bernstein. Angestrebt wird eine jährliche Fördermenge von 1000 Tonnen. Heute ist Polen der Welt größter Er-

Bernstein-Lithothek der Firma Stantien & Becker in Königsberg aus den 20er Jahren. Verschiedene natürliche und künstliche Bernsteinarten und -varianten. Foto: G. Krumbiegel

Einen Abschnitt der baltischen Bernsteinküste bildet die Weichselniederung östlich Danzig (Gdańsk). Landschaft holozänerpleistozäner Bernsteinvorkommen. Hier wird in den Sedimenten des ehemaligen „Eridanos-Deltas“ Bernstein auf sekundärer und tertiärer Lagerstätte gefunden und abgebaut. Foto: G. Krumbiegel

zeuger und Exporteur von Schmuck aus Baltischem Bernstein. Das Zentrum des zeitgenössischen polnischen Kunst- und Juwelierhandwerkes ist die Hansestadt Gdańsk (Danzig). Bernstein ist in Polen gegenwärtiger Hauptschmuckstein, aus dem der größte Anteil des Schmuckes hergestellt wird. Die Fachgeschäfte sind zuverlässig und folgen traditionsgebunden guten Handelspraktiken. Sie erzeugen Markenware, die der Klassifikation der „Confederation Internationale de la Bijouterie, Joaillerie, Orfevriere des Diamantes, Perles et Pierres“ entspricht. Die Bernsteinwaren werden jährlich auf zwei internationalen Messen, der AMBERIF und der AMBERMART gezeigt, angeboten und weltweit verkauft. Es besteht eine internationale Fachgesellschaft: International Amber Association– Societas Succinorum in Polonia. (Gierłowski 1999a, Gierłowska 2002).

Der kurze historische Abriß erhebt nicht Anspruch auf Vollständigkeit der Fakten, Ereignisse und vielseitigsten Probleme, die mit der Geschichte des Bernsteins im Zusammenhang stehen. Es muß hier auf eine interessante und umfangreiche Literatur verwiesen werden: Bartsch 1974, Reineking v. Bock 1981, Grabowska 1982, Sochranskaja 1983, Ludwig 1986, Rudat 1993, Brekenfeld 1991, Ganzelewski und Slotta 1996, 1997.

Eines darf abschließend festgestellt werden: Der Bernstein stand an der Wiege der Menschheit, und seine Geschichte ist gleichzeitig ein wichtiges Stück Kulturgeschichte, die sich durch fast vier Jahrtausende verfolgen läßt.

Wissenschaftliche Sammlung des akzessorischen Harzes „Beckerit“ (Braunharz) aus dem Braunkohlentagebau Goitsche bei Bitterfeld (Sachsen-Anhalt). Rechts unten eine Vergleichsprobe aus der historischen Bernsteinsammlung des Bernsteinforschers, Apothekers und Stadtrats Otto Helm (21.2.1826 in Stolp (Słupsk); † 24.3.1902 in Danzig (Gdańsk) am Westpreußischen Provinzialmuseum (heute: Archäologisches Museum) in Danzig (Gdańsk). Foto: G. Krumbiegel*

Bernsteingewinnung im Tagebau Primorskoje bei Jantarnyj (Palmnicken, Samland), Rußland. Der Schreitbagger gewinnt die bernsteinführende „Blaue Erde".
Foto: G. Krumbiegel

Im Tagebau Jantarnyj (Palmnicken, Samland) verflüssigt eine Wasserkanone die „Blaue Erde" (glaukonitischer Ton), die den Bernstein enthält, zu einem dicken Schlamm (Suspension) für die weitere Verarbeitung in der Aufbereitungsanlage.
Foto: J.F. Ross

Strandtagebau im Küstenbereich des Samlandes bei Jantarnyj (Palmnicken). Im Mittelgrund Aufschüttung einer Nehrung aus Aushubmaterial des Strandbereiches. Blick nach NNW.
Foto: G. Gierłowski

Bernsteinnamen

Alle feste Partikel bildenden fossilen Harze werden unter dem Sammelbegriff „Bernstein“ zusammengefaßt. In Deutschland wird er oft auch „Gold des Nordens“ oder „Tränen der Götter“ genannt, ehemals war es der „nationale Edelstein“ Preußens, aber auch Dänemarks und heute Polens. Die Bernsteinnamen zeigen, wie außerordentlich vielseitig der Bernstein das kulturelle Leben der vergangenen Jahrtausende in Europa und Asien beeinflußt hat und wie tief er in der Kulturgeschichte verankert ist. In ihnen spiegelt sich das Wissen über Aussehen, Entstehung und bemerkenswerte Eigenschaften, über Vorkommen, Gewinnung, Handelsstraßen sowie Verwendung wider. Nur einige dieser Namen sollen hier genannt werden, weitere finden sich bei ANDRÉE 1951, CHETNIK 1981, KOSMOWSKA-CERANOWICZ 1991/1992, STRÜBEL 2001.

Der Name „Bernstein“ selbst bedeutet in der niederdeutschen Sprache seit dem 13. Jahrhundert so viel wie „Brennstein“ oder „brennbarer Stein“, weil das Harz mit leicht rötlich-bläulicher Flamme verbrennt. Man findet ebenso den Namen „Bornstein“ oder „Börnstein“, vom niederdeutschen „brennen“. Das „Sacrium“ der Skythen (sakari = Feuer), „Agtstein“ oder „Aitstein“ (aiten = brennen, altoberdeutsch), „Barnsteen“ oder „Brandsteen“ im Holländischen, „bärnsten“ im Schwedischen und „bursztyn“ im Polnischen sowie der „lapis ardens“ späterer lateinischer Urkunden weisen auf die Brennbarkeit des Bernsteins hin.

Auf den Glanz von poliertem Bernstein bezieht sich der altgermanische „glaere“, „glaes“ oder „gles“. PLINIUS (24–79 n. Chr.) und TACITUS (50–116 n. Chr.) sprechen von „glaesum“ (= Glas), das althochdeutsche Wort „glit“ und das mittelhochdeutsche „glizen“, betonen das Glitzern des Harzes. Alle diese Bezeichnungen bedeuten also so viel wie glänzender, gleißender Stein.

Auf die braune Farbe des Bernsteins nehmen die nordischen Sprachen Bezug: „rav“ (dänisch und schwedisch), „rafr“ (isländisch), „reav“ (nordfriesisch).

Wegen seiner elektromagnetischen Eigenschaften (Anziehungskraft) nannten die Griechen (THALES V. MILET, um 600 v. Chr.) den Bernstein „electron“, die Römer „electrum“. Die dem Bernstein zugeschriebenen Heil- und Abwehrkräfte, abgeleitet wohl aus seiner Anziehungskraft, spiegeln sich in den baltischen Wörtern „gintaras“ (litauisch), „dzinters“ (lettisch) und „gentars“ (auch „genitar“, altpreußisch) für Bernstein wider, denn „ginti“ (litauisch) heißt „schützen, wehren“, der „Sichere“.

In Spanien, Italien und England wird der Bernstein als „ámbar“, „ambra“ oder „amber“ bezeichnet, im Slawischen, so im Tschechischen und Russischen, als „jantar“.

Die Bezeichnung „ambre jaune“ (gelber „ambre“) und „ambre gris“ (grauer „ambre“) für Bernstein, der z. B. in der Parfümherstellung verwendet wird, ist im Französischen gebräuchlich.

Bernsteinarten bzw. -varianten

Gelber, durchscheinender Succinit-Cabochon mit zahlreichen Einschlüssen von pflanzlichem Bodenmulm, Tieren und Luftblasen. Durchmesser: ca. 6 cm. Foto: G. Krumbiegel

Bei allen fossilen Harzen, nicht nur beim Baltischen Bernstein, lassen sich verschiedene Arten bzw. Varianten unterscheiden, die durch ihre physikalisch-chemischen Eigenschaften gekennzeichnet sind (vgl. Leciejewicz in Krumbiegel und Krumbiegel 2001).

Die Klassifikation nach dem Verwendungszweck (sog. Handelsarten) hat teilweise nur noch historischen Wert, wird aber in der Fachliteratur oft noch verwendet. Eigenschaften, wie Größe, Stückzahl pro Kilogramm, Farbe, Wölbung, Form und Struktur sind für die entsprechende Benennung maßgebend.

Der folgenden Gliederung der Bernsteinarten liegen vor allem naturwissenschaftliche Gesichtspunkte zugrunde.

Die wichtigsten zwei Gruppen, in die man Bernstein einteilt, sind:

Seebernstein oder maritimer Bernstein

Er wird im Wasser und im Sand der Küstenregionen, z. B. des Baltischen Meeres (Ostsee) gefunden. Meist hat er keine Verwitterungsrinde oder Borke, da diese durch den Wellengang im Verlaufe von Jahrmillionen abgeschliffen wurde. Das Salzwasser des Meeres, ein ausgezeichnetes Konservierungsmittel, hat ihn seit der Sedimentation „frisch" gehalten: Im Volksmund wird er daher „blank" genannt. Sein spezifisches Gewicht ist merkwürdigerweise geringer als das des Landbernsteins.

Land- oder Erdbernstein

Dieser Bernstein lagert in den Sedimenten (Kiese, Sande, Tone) z. B. der „Blauen Erde" des Samlandes oder in den Braunkohlen Mitteldeutschlands. Viel Bernstein wurde während der pleistozänen Inlandvereisung durch die Moränen der Gletscher mehrfach und weit in das Binnenland verfrachtet und umgelagert.

Er hat eine rauhe, oft löchrige und rissige dunkle Verwitterungsrinde, die vor der Weiterverarbeitung entfernt werden muß. Teilweise als Landbernstein anzusprechen sind der Sächsische und der Lausitzer Bernstein.

See- und Landbernstein besitzen eine breite Farbskala, die von Weiß über Gelb, Braun, Rot bis zum Schwarz reicht (s. S. 15-20). Unabhängig von der Farbe unterscheidet man je nach Transparenz und Verteilung der opaken Einschlüsse (Opaleszenz) folgende Hauptgruppen oder Arten:

1. Schiere oder klare Steine. Sie sind völlig durchsichtig und klar, wie gefärbtes Glas oder Bergkristall, und finden sich als große Seltenheiten in der Regel nur unter Seebernstein. Gut polierbar haben sie einen hohen Handelswert. Hierzu gehören weiterhin der „Eisfarbige" (wasserhell), der „Braunschweiger Klar" (dunkelgelb) und die gewöhnliche „Gelbe Sorte".

Aus dem vollständig durchsichtigen, bläschenfreien Harz wurden zeitweise Brillen"gläser" und Lupen hergestellt. Im klassischen Altertum verwendete man klaren Bernstein statt Glas (glaes = Bernstein = „Glas"), das man damals noch nicht in der erforderlichen

Succinit (Erdbernstein) mit schwarzbrauner (links) und dunkelbrauner (rechts) Verwitterungskruste, die auch Abdrücke der Borke aufweist. Länge der Stücke: 8,5 und 11,5 cm. Foto: G. Krumbiegel

Durchsichtiger, klarer Succinit (rechts) (sog. schiere Steine) und durchscheinender, opaker Succinit (links) (sog. matte Steine) mit Einschlüssen. Größtes Stück: 6 cm. Foto: G. Krumbiegel

Brauner, undurchsichtiger Succinit mit rissiger Verwitterungsrinde und Borkeneindrücken, gelber Bastard, poliert. Durchmesser der Stücke: 8, 7 und 6,5 cm. Foto: G. Krumbiegel

Reinheit herstellen konnte. Er wirkte wie ein Gelbfilter.

2. Matte Steine. Das sind die opaken, kräftig weiß oder gelb bis braun gefärbten Bernsteine. Sie enthalten viele Einschlüsse feinster Luftbläschen.

3. Flumige (flohmige) Steine, genannt nach dem Flomenfett der Gänse. Die Art ist wie durch feinen Staub leicht getrübt und läßt sich vorzüglich polieren.

4. Bastard werden durchweg stark trübe bis satt trübe Steine genannt, die sich ebenfalls gut polieren lassen. Nach Art der Trübung (Verteilung) und Farbe unterscheidet man: wolkiger Bastard (gewolkt bis geflockt), perlfarbiger Bastard (reinweiß bis gräulichgelb), kumstfarbiger Bastard (gelb bis bräunlichgelb; „Kumst" = ostpreußisch Sauerkohl).

5. Knochenbernstein, sogenannter Kreidebernstein oder „Knochen" ist der weiße bis elfenbeinartige, opake (matte), auch weiß bis bräunlich gefärbte oder manchmal bläulich schimmernde Bernstein, der im Mittelalter medizinisch d. h. für Arzneien und Tinkturen verwendet wurde.

6. Schaumiger Bernstein ist undurchsichtig, sehr weich und nicht polierbar.

7. „Schlauben" (Inklusensteine) sind klare, geschichtete Bernsteine, bei denen man die Reste von Sedimenten erkennen kann, in denen das dünnflüssige Harz rhythmisch mit kurzzeitigen Unterbrechungen abgelagert wurde. Sie zerspringen bzw. zerfallen sehr leicht und sind daher für die künstlerische Verwertung ungeeignet. Oberflächlich haben sie mitunter ein polygonales Rißsystem; man spricht dann von der sogenannten „Zuckervariante". Die dünnen Harzschichten wirkten wie „Fliegenfänger": Schlauben sind die ergiebigsten Inklusenlieferanten (s. S. 77).

8. „Brack" oder „Schlack" ist ein zur künstlerischen Verarbeitung weniger gut geeignetes Bernsteinmaterial, in dem die Pflanzensubstanz, vorwiegend Moose, gegenüber der eigentlichen Bernsteinsubstanz überwiegt. Die Harzsubstanz bildet hier lediglich das reichliche Bindemittel. Oft spricht man von „marmorisiertem" Bernstein.

Der Brack (Schubert 1961) besteht aus zahlreichen anderen fossilen Harzen, den sogenannten akzessorischen Harzen, wie Glessit, Gedanit, Stantienit, Beckerit, Krantzit und anderen, die von hohem wissenschaftlichen Interesse sind (vgl. S. 30ff.).

Wolkiger Bastard (poliert), gelb-weiß-schwarzbrauner Succinit, sog. marmorierter Bernstein, Konglomerat aus Holzsplittern, hinterlassen von einem nagenden Insekt, und Schaumwolken des Insektenspeichels sowie Zersetzungsgasen, fixiert und umschlossen von frischem Bernsteinharz. Etwa natürliche Größe.
Foto: G. Krumbiegel

Zwischen diesen „Bernsteinvarianten" gibt es unzählige Übergänge, so daß kein Stein wie der andere aussieht. Das aber verleiht dem Bernstein seine faszinierende Schönheit und Wärme.

Der Wert der verschiedenen Varianten erhöht sich durch pflanzliche und tierische Einschlüsse, die Inklusen, sowie durch „Sonnenflinten". Das sind kleine Spannungsrisse, runde, flache Scheiben mit hoher Lumineszenz infolge Lichtbrechung innerhalb des Harzes. Diese Stücke sind für Schmuck sehr beliebt.

Ursache des unterschiedlichen Aussehens der trüben Bernsteinarten sind zahlreiche kleine Bläschen, die bei schaumigem Bernstein mit bloßem Auge erkennbar sind. Bei den anderen Arten sind sie so klein, daß sie erst im Dünnschliff unter dem Mikroskop sichtbar werden. Sie sind auch für die unterschiedliche Polierfähigkeit verantwortlich.

Die Trübung des Bernsteins nimmt mit zunehmender Zahl und abnehmender Größe der Bläschen zu, die das einfallende Licht total reflektieren. So entsteht bei stärkster Trübung der „weiße Bernstein". Diese Wechselwirkungen zwischen Anzahl, Größe und Bläschenquerschnitten bezogen auf die Größe der ausgemessenen Fläche beschreibt die folgende Tabelle (nach Schmid 1931 in Vávra 1982).

Die Bläschen enthalten Wasser und terpentinhaltiges Öl, möglicherweise Reste des Zellsaftes der „Bernsteinbäume", vereinzelt auch bewegliche Kristalldrusen von Bernsteinsäure ($C_4H_6O_4$). Häufige Luftblasen an Haaren, Vorsprüngen von Insekten oder Spinnen stehen im Zusammenhang mit dem Einschließungsvorgang. Hohlräume vor Körperöffnungen beruhen wahrscheinlich auf ausgetretenen Zersetzungsgasen und Wasser des Leibesinhaltes, sogenannter Phlom (Trübungen). Größere Hohlräume mit Wasser und beweglicher Luftblase, sind vergleichbar mit der „Libelle" einer Wasserwaage (Krumbiegel und Kosmowska-Ceranowicz 1992).

Bernsteinart bzw. Variante	Durchmesser der Bläschen in mm	Zahl der Bläschen auf 1 m²	Anteil der Bläschenquerschnitte an der Bernsteinfläche in Prozent
Knochen	0,0008 - 0,004	900 000	0,42 - 0,52
Bastard	0,0025 - 0,002	2500	0,25
flohmiger Bernstein	0,02	600	0,1
Blauer Bernstein	0,0008	„so dicht wie im Knochen"	0,15

Farbveränderungen durch Licht- und Lufteinwirkung über eine Dauer von etwa 18 Jahren am Bitterfelder Bernstein. Die ursprünglichen Farben im Jahre 1986 sind in der mittleren Abbildung sichtbar. Es erfolgte eine erhebliche Nachdunklung des Succinits während der vergangenen 18 Jahre. Durch erneutes Polieren der Stücke kann der ursprüngliche Farbzustand wieder erreicht werden.
Foto: A. Krumbiegel

Knochenstein (linkes Stück, Höhe 5,9 cm) und Kreidebernstein, sog. Knochen, auch „Weißharz" genannt, z.T. mit Dendriten (4, 3; 4, 4; 5 cm).
Foto: G. Krumbiegel

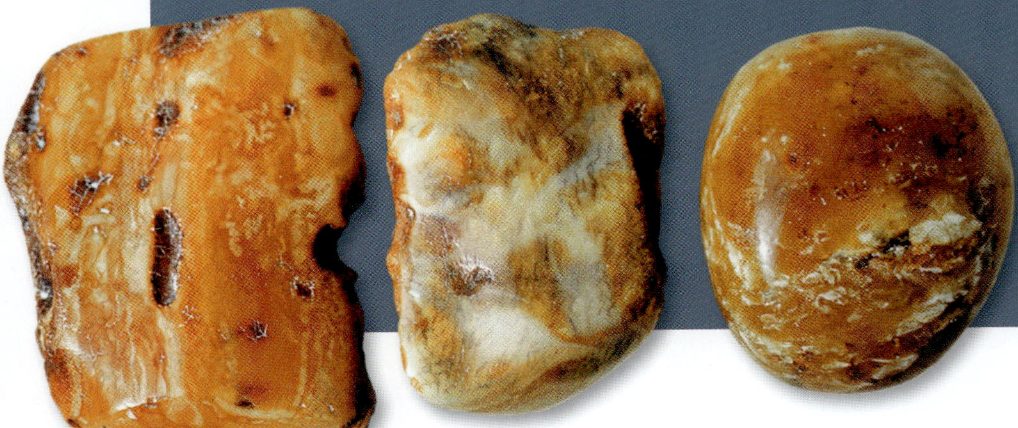

Kumstfarbiger Bastard, poliert. Trüber, teilweise mit pflanzlichen Resten durchsetzter Succinit aus dem Oberoligozän von Bitterfeld. Etwa natürliche Größe.
Foto: G. Krumbiegel

Gelb-orange-weißer Succinit, sog. fluidaler Knochen, etwa natürliche Größe.
Foto: G. Krumbiegel

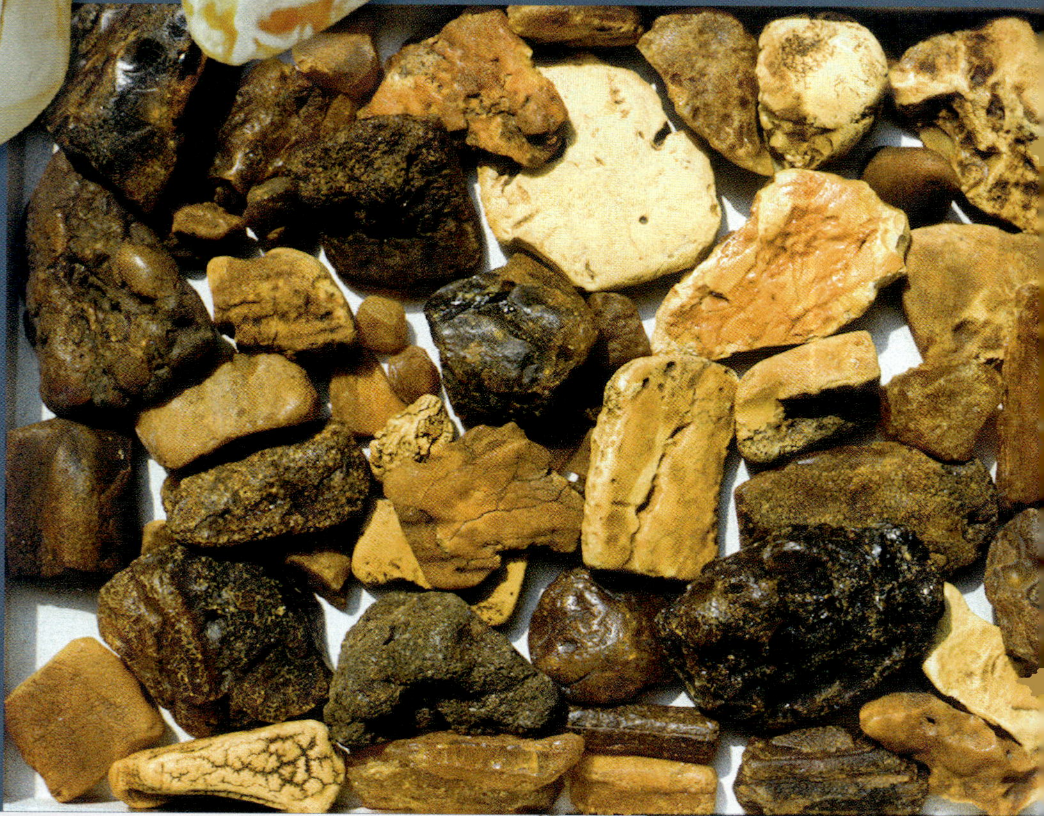

Mitte: „Brack“ aus den Bitterfelder Schichten des Tagebaues Goitsche. Gemisch unterschiedlichster fossiler Harze, wie Succinit, Gedanit, Glessit und Goitschit.
Foto: G. Krumbiegel

„Brack“-Kippe mit Verwurf zahlreicher akzessorischer fossiler Harze, wie Goitschit, Gedanit, Glessit, Beckerit, Stantienit u.a. an der Aufbereitungsanlage im Tagebau Goitsche bei Bitterfeld.
Foto: R. Reinicke

Bernsteinfarben

Bernstein gibt es in den unterschiedlichsten Farbtönen. Gelb und Braun sind aber die charakteristischsten Farben, insbesondere bei den Bernsteinen des Ost- und Nordseeraumes. Manche Farben, vor allem Mischfarben, entstehen durch Einlagerung von mehr oder weniger zahlreichen Bläschen, von dunklen Holz- oder anderen pflanzlichen Resten, von Pyrit und Quarz. Es treten dann „Grautöne“ auf.

Beeinflußt wird die Farbe auch durch die Verwitterung; dabei entstehen schwarze bis braune Farbtöne. Auch Fluoreszenz ruft bestimmte Färbungen hervor (bunte Anlauffarben). Ebenso kann Erwärmung, z. B. längere Sonneneinstrahlung oder Erhitzen durch Lampenlicht, z. T. zur Entfärbung oder Bräunung führen.

Im einzelnen lassen sich zu den verschiedenen Farbnuancen folgende Aussagen machen:

Gelb und weiß

Die Bernsteinmatrix ist im Regelfall klar-gelb, sofern sie keine Beimengungen, insbesondere Bläschen enthält, die ein trübes Milchiggelb hervorrufen. Beispiel hierfür ist der Dominikanische Bernstein. Der Baltische Bernstein und der Sächsische Bernstein dagegen sind weitgehend weiß-opak. Verantwortlich hierfür sind zahlreiche Bläschen, die auf ehemalige Pflanzensaft-Tröpfchen zurückgehen. Gelegentlich findet man papierweiße Stücke.

Rot

Stücke mit verwitterter Oberfläche haben mitunter eine orangerote, rotbraune oder intensive rubinrote Farbe. Diese Verwitterungsrinde kann 0,5–1,5 mm dick sein. Darunter ist die Bernsteinsubstanz unverändert gelb bzw. weiß. Die Rotfärbung kann aber auch über Risse ins Innere eindringen. Feinste Haarrisse werden dann dendritenartig nachgebildet. Selbst feinste Insektenbeinchen genügen als Kanäle für Umwelteinflüsse, die die Ränder der Kanäle rot verwittern lassen. Einige attraktive Besonderheiten der Rotfärbung weist der Sarawak-Bernstein auf (Schlee 1992): „Ströme roter Tröpfchen im Innern der Stücke“.

Grün

Die sogenannte Weißkrautfarbe, ein eigenartiger, fahler, grünlicher Farbton, ist beim Baltischen Bernstein selten, kommt aber gelegentlich auch beim Sächsischen Bernstein vor. Für dieses Phänomen verantwortlich ist fein verteilter schwarzer Pyrit, der den gelben Bernstein trübt. Fluoreszenzerscheinungen bei scharfem Schräg- bzw. Seitenlicht verursachen eine intensiv grüne Farbe unterschiedlichster Schattierung und finden sich beim Dominikanischen Bernstein häufig, seltener oder nur gelegentlich beim Mexikanischen Bernstein und beim Sizilianischen Bernstein oder Simetit.

Beim Borneo- oder Sarawak-Bernstein gibt es manchmal intensiv-grüne Bereiche in den Kontaktzonen zwischen Harz und Kohle.

Blau

Blaufärbung beruht auf Fluoreszenz bei von oben einfallendem Licht und dunklem Hintergrund. Dieses Phänomen tritt weltweit bei allen Bernsteinen auf, z. B. bei denen aus Österreich, Libanon und Japan, besonders intensiv aber beim Dominikanischen Bernstein. Die Nuancen reichen von Türkis über Kobaltblau bis zu dunklem Ultramarinblau. Von besonderer Schönheit ist der „Blaue Riese“ des Bernsteinkabinetts in Stuttgart (22 x 26 cm, bis 10 cm Dicke; 2,8 kg Gewicht).

Blauer Dominikanischer Bernstein. Blaue Färbung als Fluoreszenz erscheint bei auftreffendem weißem Licht vor dunklem Hintergrund, Gelbfärbung bei durchfallendem Licht. Miozän. Durchmesser: 10 cm. Foto: D. Schlee (1980), Staatl. Museum für Naturkunde Stuttgart

Ursache der Blaufärbung sind natürliche geothermische Vorgänge in der Lagerstätte, dadurch wurden die Molekülstruktur und die Zusammensetzung des Bernsteins verändert. Die genauen Ursachen klärte SCHLEE (1980): „Die Blaufärbung beruht auf feinverteilter organischer Substanz, die bei natürlicher Aufschmelzung des Bernsteins, während er schon im Sediment eingebettet war, aus eingeschlossenen Holzteilen frei wurde (Holzvergasung). Ganz dicht am Holz kann die Färbung tief dunkelblau, sogar blauviolett sein. Bei zunehmender Entfernung und Verdünnung der organischen Substanz wechselt sie von dunkel- über mittelblau zu einer hellblauen bis türkis-wässrig-grünlichblauen Tönung."

Die Blaufärbung beim Baltischen Bernstein wird dagegen durch eine ursprünglich flüssig-wässrige Emulsion von besonderer Feinkörnigkeit verursacht. Sie ist als auffällige weiße Substanz direkt sichtbar (vgl. BÜRGLER 2002).

Mattblaue (bläulich-taubengrau) Farben entstehen an Rißsystemen mit schwarzer Metallfüllung, wahrscheinlich Pyrit, als Staulichteffekt, z. B. beim Baltischen und Sächsischen Bernstein (SCHLEE 1984).

Braun

Ursache für Braun sind Verwitterungskrusten, harzimprägniertes Holzgewebe und Tröpfcheneinlagerungen.

Schwarz

Die Schwarzfärbung des Harzes beruht auf Einlagerung größerer Mengen von organischen Resten: Bodenmulm, Kotballen, Nagespäne, Insekten, inkohltes Holz. Dichte Schichtung der organischen Substanzen kann ebenfalls die schwarze Farbe bewirken. Beim Sarawak-Bernstein führen die zahlreichen in der Bernsteinmasse eingeschlossenen rotbraunen Tröpfchen zu einem homogenen Schwarz. Dunkelfärbung bewirken auch Pyrit- und Kupferglanz-Beimengungen oder bei erhöhten Temperaturen eingepreßtes dunkles Nebengesteinssediment.

„Silber" und „Gold"

Massen von kleinsten glänzenden Bläschen, schichtartig angeordnet, verursachen einen „Silberglanz"- oder einen „Perlmutt"-Effekt. „Goldglanz" bildet sich an korrodierten Rissen größerer Spalten. Dabei entsteht in Abhängigkeit von der Schichtdicke ein Farbton zwischen „Gelbgold" und „Rotgold".

Neben diesen hier genannten Grundfarben der fossilen Harze gibt es eine Vielzahl von Farbkombinationen, verursacht durch primäre Gegebenheiten des Harzmaterials und epigenetische Einflüsse darauf, z. B. weiß-gelb-schwarz (sogenannter marmorierter Bernstein), gelb-rot-weiß und andere.

Blauer Dominikanischer Bernstein. Ultraviolettes Licht macht Stücke mit stark und schwach leuchtenden Strukturzonen deutlich und zeigt, daß der Bernstein sekundär durch Druck und Hitze durchbewegt wurde. Miozän. Durchmesser: 8 cm.
Foto: D. SCHLEE (1980), Staatl. Museum für Naturkunde Stuttgart

Bernsteinimitationen

In Deutschland stellte bereits Anfang des 18. Jahrhunderts Johann Friedrich Böttger (1682–1719), der Erfinder des Meißener Porzellans, Versuche an, künstlichen Bernstein herzustellen.

Heute werden die meisten Bernsteinimitationen aus Kunststoffen hergestellt. Hierzu gehören natürliche und synthetische Polymere, deren wichtigste Bestandteile makromolekulare Verbindungen sind. Um ihre technischen und ästhetischen Eigenschaften zu verbessern, enthalten Kunststoffe meist noch einige Additive, z.B. Farbzusätze (Colorantien), Pigmente (pulverförmige Farbsubstanzen), Stabilisatoren (Chemikalien gegen unerwünschte Veränderungen und zur Minderung des Temperatur- und Lichteinflusses), Füllstoffe (Substanzen zur Verbesserung der Eigenschaften der Kunststoffe).

Fälschungen werden heute häufig im Kaliningrader Distrikt (Rußland) hergestellt. Dabei wird z. B. ein Tier auf ein Stück Naturbernstein gelegt und mit einem speziellen Harz, das die Mumifizierung der falschen, jedoch stark hygroskopischen Inkluse ermöglicht, übergossen.

Auch werden falscher Bernstein und gefälschte Inklusen in fernen Ländern wie China und Japan angeboten.

Vor solchen Manipulationen muß sich der Bernstein-Markt schützen. Daher wurden in Polen Prinzipien zur Klassifizierung von Bernstein-Schmuckstücken entwickelt, die erkennen lassen, ob es sich um echten Baltischen Bernstein von höchster Qualität und behandelten Bernstein oder Preßbernstein handelt.

Hier existiert folgende Klassifkation von Bernstein-Schmucksteinen:

1. Bernstein, Naturbernstein, Succinit
   – Rohmaterial, Halbfertigprodukte oder Produkte aus Baltischem Bernstein ohne irgendwelche Veränderungen seiner physikalischen und chemischen Eigenschaften.
2. Bearbeiteter Bernstein, Succinit
   – Halbfertigprodukte oder Produkte aus Baltischem Bernstein mit künstlich veränderten (z. B. durch Temperatur oder Druck) physikalischen und chemischen Eigenschaften.
3. Dubletten, Tripletten oder Vielschichtbernstein
   – bestehen aus zwei, drei oder mehr Schichten, von denen mindestens eine natürlicher oder bearbeiteter Bernstein sein muß. Es darf eine farbige Schicht aus dauerhaftem Material zwischen die Bernsteinelemente eingefügt sein oder ein geformtes Bernsteinstück auf einem aus anderem Material bestehenden Grund aufgebracht werden.
4. Rekonstruierter (gepreßter) Bernstein
   – bei hoher Temperatur und unter Druck zusammengepreßtes Material aus kleinsten Stücken Baltischen Bernsteins oder aus Bernsteinmehl.

(In Anlehnung an G. Gierłowska 2003: Kleiner Leitfaden für Bernsteinimitationen. – Oficyna – „Bursztynowa Hossa", Gdańsk und B. Kosmowska-Ceranowicz 2001: Amber forgeries – danger for the markets.-Muz. Ziemi, Konf. Nauk, Stresg. ref. 13, 1-44, Gdańsk/ Warszawa.

Dies. (2003): Amber Imitations in the Warsaw amber collection.-Acta zool. cracov., 46, suppl. 411-421, Kraków.

Naturformen fossiler Harze

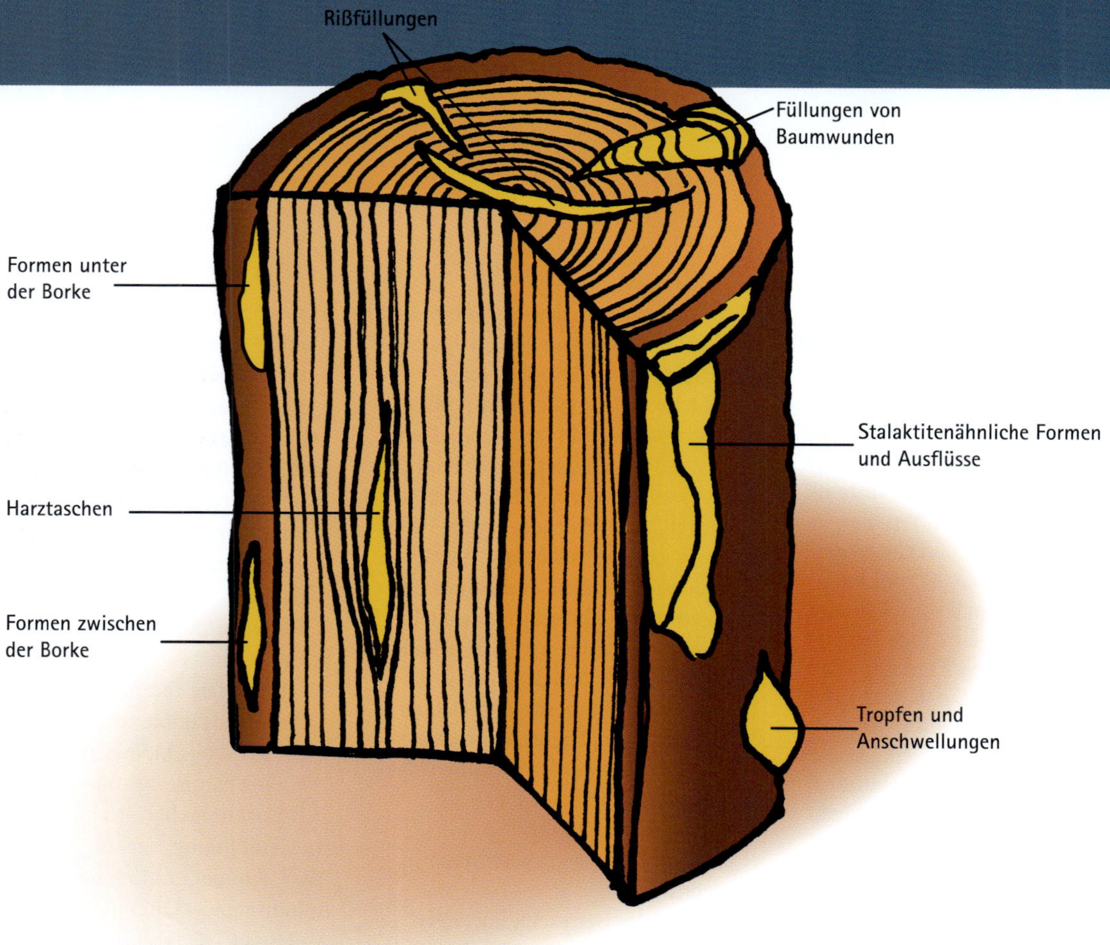

Schema der Genese natürlicher Harzformen (nach KATINAS 1971)

Jedes natürliche Bernsteinstück, unverwittert und ohne Abrollungsspuren, hat eine bestimmte, nicht zufällige morphologische Form. Die Naturformen der Bernsteinstücke können so vielfältig sein wie die natürlichen Hohlräume in den Baumstämmen. Eine detaillierte, sehr genaue Beschreibung dieser Formen erfolgte besonders durch die russischen und litauischen Bernsteinforscher SAWKEWICH (1970) in St. Petersburg und KATINAS (1971, 1983) in Wilna.

Die Vielfalt der natürlichen Formen der Harzstücke, ihre Struktur, ihr Oberflächencharakter, einschließlich der Harzart oder -variante, ermöglichen eine präzise Bestimmung der Harzkonzentration im Baumstamm oder an seiner Oberfläche. Darüber hinaus läßt sich aus den Formen des Bernsteins eine genetische Klassifikation der fossilen Harzformen ableiten. Danach unterscheidet man:

1. äußere Tropfenformen und
2. innere Stammformen, d. h. Formen, die entstanden sind durch Anreicherung von Harz innerhalb der Baumstämme, dem Kernholz und der Rinde.

Zur ersten Gruppe gehören:

- Tropfen und blasenartige Anschwellungen. Es sind erste kugelige Harzansammlungen, aus dem ersten intensiven Harzfluß, die nach einer Verletzung der Oberfläche des Baumstammes entstanden. Gelegentlich sind sie hohl, meist aber massiv. Ihre Größe schwankt von wenigen Millimetern Durchmesser bis zu über fünf Zentimeter großen Apfel- und Birnenformen. Es gibt ferner Tropfen, die beim Aufprall auf den Boden abgeflacht wurden, aber auch Anhäufungen von Tropfen, die sich gegenseitig deformiert haben. Nachträglicher Volumenschwund führte zu Rissen oder Runzeln auf der Oberfläche. Neben einzelnen Tropfen gibt es, abhängig von der Intensität des seinerzeitigen Harzflusses
- Stalaktiten, langgestreckte, konische, tropfsteinartige Bildungen und Zapfen oder zapfenartige Formen auf der Baumoberfläche. Ganz dünne, metallisch glänzende Harzfäden, an denen das Licht total reflektiert wird,

nennt man „Fossile Stecknadeln“. Stalaktiten besitzen oft einen konzentrisch schaligen Aufbau, der auf mehrfache Harzflüsse schließen läßt. Gelegentlich wurden erstarrte Stalaktiten durch einen neuen Harzfluß umhüllt, dabei entstanden Formen, die man „Bernstein in Bernstein“ nennt (vgl. S. 24).

Die zweite Gruppe umfaßt weit vielfältigere und kompliziertere Formen, die der Harzfluß im Inneren der Baumstämme schuf, in den verschiedensten Spalten oder ausgedehnten Wunden. Dazu gehören die großen, in ihrer Art einmaligen Harzklumpen oder sehr typische, dünne flache Platten. Die Vielfalt dieser Formen ist ungeheuer groß. Im einzelnen unterscheidet man

- Formen, die in der Rinde oder Borke entstanden, plattig, mit abgerundeten Rändern, beidseitig mit Eindrücken der Rinde,
- Formen, die unter der Borke gebildet wurden, mit einer konkaven und einer konvexen Oberfläche und Rindeneindrücken,
- Formen aus Rißausfüllungen, beidseitig konvex und die Ausdehnung und Gestalt der Spalte zeigend,
- Formen, die durch Vernarbung von Verletzungen an den Baumstämmen gebildet wurden und
- Harztaschen zwischen den Jahresringen (Zuwachszonen).

Bernsteintropfen von kugeliger, birnen- und herzförmiger Gestalt. Auf den Oberflächen der Tropfen sind deutlich Schrumpfungsrisse erkennbar. Durchmesser der Tropfen: 2–3 cm. Foto: Muzeum Ziemi/PAN, Warszawa

Röhrenförmige Bernsteinzapfen bzw. -stalaktiten. Natürl. Größe. Foto: G. Krumbiegel / M. Meise

„Bernstein in Bernstein". Bernsteinstalaktiten, eingeschlossen in einen Bernsteinklumpen. Etwa natürliche Größe. Foto: G. Krumbiegel

Bernsteinklumpen (Baltischer Bernstein) im Museum für Naturkunde Berlin. Gewicht: 9750 g. Fundort: Rarwino bei Kamin (Pomorski, PL). Foto: R. Baudenbacher

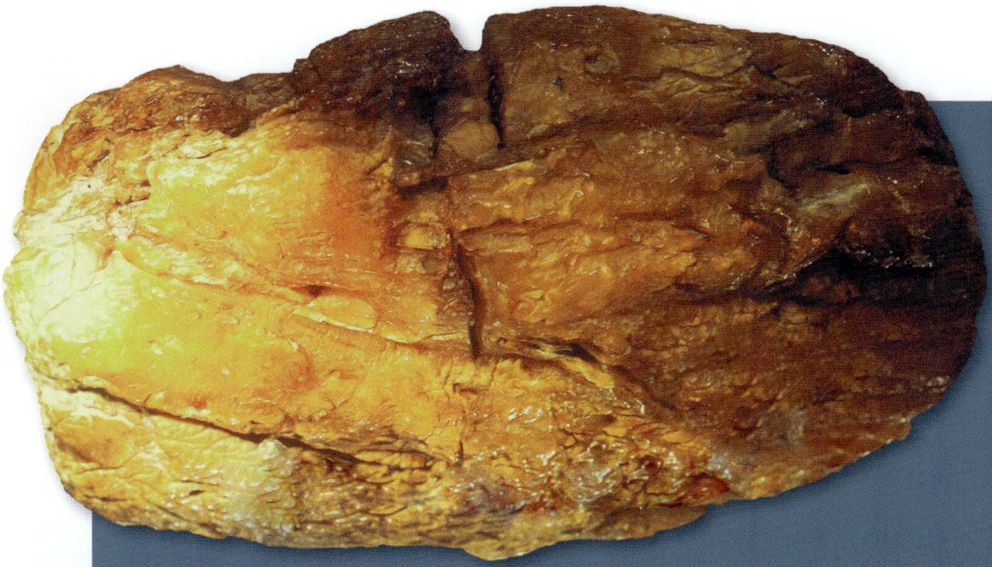

Bernsteinklumpen im Bernsteinmuseum Ostseebad Sellin/Rügen. Fundort: Mönchgut/ Rügen. Gewicht: 1695 g. Foto: J. Kintzel

Ausstellung „Bryły Bursztynu – fenomen przyrody“ („Bernsteinklumpen – ein Phänomen der Natur“) im Museum der Erde der Polnischen Akademie der Wissenschaften in Warschau/Polen, 2003. Bernsteinklumpen aus pleistozänen und holozänen Ablagerungen (Kurpie-Region, Pommern, Ostsee). Foto: B. Rudnicka

Bernsteinklumpen im Kombinatsmuseum „YANTAR“ Jantarnyj/ Samland/Rußland. Gewicht: 2600 g Fundort: Samland, Tgb. Jantarnyj-Primorskoje/ Rußland. Foto: G. Krumbiegel

Bernsteinklumpen

Klumpen aus Bernstein oder anderen fossilen Harzen sind in ihrer Größe, ihrem Aussehen und ihrer Faszination vergleichbar mit schönen Riesenein-zelkristallen oder Kristallgruppen des Mineralreiches oder mit den Großfossilien im Organismenreich. Sie verdienen daher als Unikate sowie auffallende Phänomene und Wunder der Natur besonderer Erwähnung und Aufmerksamkeit.

Von „Klumpen" spricht man ab 2 bis 3 kg. Ihre Größe macht sie im Verlauf der Diagenese über Jahrmillionen hinweg zerstörungsgefährdet und dementsprechend extrem selten (einige besonders große Klumpen nennt die Tabelle). Trotzdem kann man Klumpen relativ oft bei vielen fossilen Harzen (Succinit, Kopal u. a.), wie z. B. beim Baltischen, beim Ukrainischen, beim Dominikanischen und beim Borneo-Bernstein beobachten. Ein Großteil der bekannten Bernsteinklumpen stammt aus dem Tertiär.

Schön und aussagekräftig

Was zeichnet Bernsteinklumpen außer ihrer Größe noch aus? Sie bewahren die ursprüngliche Schönheit des Rohbernsteins. An glatten Stellen kann der primäre Farbton des Materials zu sehen sein, während an Partien, die der Verwitterung ausgesetzt waren, eine Farbveränderung in Richtung Braun und Rot zu beobachten ist. Ein Klumpen, der Gebirgs- oder Lagerungsdruck ausgesetzt war, zeigt oft dort, wo Material abgesplittert ist, muscheligen Bruch.

Klüfte und Spalten im Klumpen weisen oft Rückstände der Sedimente auf, in denen er eingebettet war. Sind es am gleichen Klumpen verschiedene Sedimente, muß er mehrfach umgelagert worden sein. So erschließen sich aus den Sedimenten auch die primäre Lagerstätte und die Zeit der Entstehung im Tertiär oder Quartär. Struktur und Form der Oberfläche des Klumpens verraten die Art seines Transports in fließendem Wasser oder im Gletschereis.

Bernsteinklumpen können sogar etwas über das Klima und das Wettergeschehen zur Zeit ihrer Entstehung aussagen, denn sie sind die Folge von Harzüberproduktion. Man gab letzterem den Namen Succinose (s.S. 73) und vermutet als Ursache Klimaänderungen. Die Pflanzen reagierten darauf, also auch die Harz abscheidenden Bäume. Die die Succinose stimulierenden Umweltfaktoren sind zum Beispiel Blitze bei Gewittern, Staunässe, Frühfröste, Erhöhung der Salzkonzentration des Bodens, anormal hohe Luftfeuchtigkeit etc.

Als Schmuck zu schade

Auf Grund ihrer Größe und Seltenheit umgibt große Bernsteinklumpen die Aura des Geheimnisvollen. Kein Wunder, daß sie seit Beginn der Menschheitsgeschichte großes Interesse auf sich gezogen haben. Und dieses Interesse ist auch heute noch in abgeschwächter Form zu beobachten. Viele Bernsteinhandwerker verwenden zum Beispiel ein Stück Bernstein von so außergewöhnlicher Qualität, wie sie ein Klumpen bietet, niemals für die Schmuckherstellung. Sie sind vor allem stolz darauf, ein solches Prachtstück zu besitzen.

Auch heute werden nur ganz selten in der Schmuckindustrie aus solchen ausgefallenen Bernsteinaggregaten einzelne Kunstgegenstände hergestellt, es sei denn, man benötigt als Präsent eine gegenständliche Kunstschnitzerei.

Alles „auf einem Blick"

Im Museum der Erde der Polnischen Akademie der Wissenschaften in Warschau/Polen, dem Zentrum weltweiter wissenschaftlicher Bernsteinforschung, befindet sich eine Dauerausstellung, die mit vorzüglichem, z. T. einmaligem Ausstellungsmaterial alle Aspekte des Themas „Bernsteinklumpen" illustriert. Der größte Teil der Exponate hat eine Masse von mehr als 3000 g. (s. Abb. S. 25).

Ein 50seitiger Katalog (Pielińska 2002a) sowie ein 6seitiges Faltblatt (Pielińska 2002 b, c) begleiten den Museumsbesucher durch die instruktive und beeindruckende Ausstellung.

Bernsteinklumpen (ab 2000 g und größer) aus quartären Sedimenten der nordeuropäischen Vereisungsgebiete		
Masse (Gramm)	**Fundort und Fundjahr**	**Heutiger Standort**
11580 (10478)	Skagerrak, Westküste Schwedens bei Bohuslän 1969	Ravhuset (Bernsteinhaus) in Kopenhagen (DK) (reduziert auf 8886 g)
9750	Rarwino bei Kamin (Pomorski) 1860	Museum für Naturkunde Universität Berlin (D)
6930	Bolders Bank (Nordsee) 1994	Staatliches Museum für Naturkunde Stuttgart (Bernsteinkabinett) (D)
6750	zwischen Gusew (Gumbinnen) und Czernjachowsk (Insterburg) 1803	(RUS)
5760	Gluckau (Klukowo) b. Gdańsk-Oliwa 1914	(PL)
5600	ehemal. Bernsteintagebau Palmnicken (Jantarnyj) 1889	(RUS)
4910	Ukraine, Klesow (2000) [1999]	beim Abbau in der Klesow-Lagerstätte [Klumpen aus der Umgebung von Sarny: 3700 g – zerbrochen in 30 Teile: im Muzeum Ziemi/PAN, Warszawa] (UA)
4600	Slettstrand an der Jammerbucht, nördl. Westküste von Nordjütland; Ende 18. Jahrh. 1767	Geologisches Museum in Kopenhagen (DK)
4500	Vester Hanherred, Jütland 1767	Museum Mineralogie Kopenhagen (DK)
ca. 4500	Tgb. Burghammer/NL., NE Hoyerswerda 1973	Slg. Pohl, Hoyerswerda (D)
ca. 4000	Tgb. Nochten, SE Spremberg/NL. 1995	zertrümmert! unter Bergleuten verteilt (D)
3820	Nordstrand Skagen, 1989	(DK)
3800	Wegorzewo (Angerburg) 1939	Museum Univ. Göttingen (D)
3185	Stilo bei Łeba 1932	Museum Univ. Greifswald (ehem. Geol. Landesslg. Pommern) (D)
3150	Tjøme, Vestfeld 1945	Geologisches Museum Oslo (N)
3125	Langlütchensand (Wesermündung) 1869	zu Schmuck verarbeitet (D)
3000	Samland (Sambia) 1980	Firma Köllner Stuttgart (D)
ca. 3000	Karrebaeksminde-Fjord, Südküste Insel Seeland 1943, 1951	(DK)
ca. 3000 (2250)	Insel Fanø, 1849	Nationalmuseum Kopenhagen (DK)
ca. 3000	Kreis Stolp (Słupsk) 1913	(PL)
ca. 3000	Tuchola (Tuchel) 1970	Privatsammlung in Chojnice: größter Klumpen in Polen nach 1945 (PL)
ca. 3000	Kleinkletschau bei Breslau (Wrocław) 1842	(PL)
2600	Insel Juist 1842	Museum Emden (D)
2450	Tgb. Schlabendorf bei Luckau/NL., 1996	Museum f. Naturkunde Berlin (D)
ca. 2300	Dorf Zabiele Wielkie, Kurpie (Ostrołęka1818)	(PL)
ca. 2300 (2400)	Dorf Surowe, Kurpie (Ostrołęka) 1821	Museum Łomża (PL)
ca. 2260	Labuhn (Lebunia), 10 km südlich von Lauenburg (Lebork) 1932	Museum Univ. Greifswald (ehemal. Geol. Landesslg. Pommern((PL)
2050	Palmnicken (Jantarnyj), Samland, Rußland 2002 (Lit.)	Muzeum Ziemi/PAN in Warszawa (PL); einer der beiden größten Bernsteinklumpen des Museums!

Einige der größten Bernsteinklumpen, die nicht nur im Baltischen Bernstein vorkommen, sondern auch in anderen Harzvorkommen der Erde, sollten hier noch genannt werden:

Bernsteinklumpen aus anderen fossilien Harzlagerstätten der Erde			
Bernsteinbezeichnung	**Masse (Kilogramm)**	**Ausstellungsort**	**Fundjahr**
Dominikanischer Bernstein	4,8 kg	Museum am Löwentor Stuttgart (Bernsteinkabinett)	
	2,8 kg	Museum am Löwentor Stuttgart	
	8 kg	Geschäft in Santo Domingo	
	13 kg	Bernsteinmine Palo Alto	
Kuji Bernstein (Japan)	16 kg	National Science Museum Tokio	1941
	19,875 kg	Privatsammlung in Kuji	1927
Es gibt Berichte von noch größeren Brocken aus Japan (Schlee: 1990)			
	45 kg		1905
	60 kg		1908
Borneo (Sarawak) Bernstein	23 kg	Sarawak-Museum in Kuching, (Dammar-Bernstein) Geol. Museum Geological Survey of Sarawak; Museum am Löwentor, Stuttgart	1993
Birma Bernstein	15 kg	Britisches Museum London	
Libanon Bernstein	1,1 kg	Museum am Löwentor, Stuttgart	

Diese Bernsteinvielfalt stellt uns trotz detaillierter Untersuchungen, die man gegenwärtig mit verschiedenen wissenschaftlichen Methoden durchführt, noch vor viele Fragen und Probleme, die heute noch nicht endgültig beantwortet und gelöst sind.

Eigenschaften des Bernsteins

Bernstein ist ein fossiles, Jahrmillionen gealtertes Harz von Nadelbäumen (Pinaceae, Araucariaceae, Taxodiaceae, Geinitziaceae) oder von Laubbäumen (Leguminosae, Dipterocarpaceae, Burseraceae, Hamamelidaceae, Styracaceae). Damit ist Bernstein ein Biolith (bios = Leben, lithos = Stein), eine Substanz, die von lebenden Organismen gebildet wurde. Da Bernstein brennt, ist es ein Kaustobiolith (griech. kaio = brennen). Alle Harze, Wachsharze und Wachsbildungen, also die Überreste, die bei der Zersetzung pflanzlicher Substanzen der Vorzeit zurückbleiben und durch Transportvorgänge angereichert wurden, heißen Liptobiolithe (griech. liptos = zurückgelassen). Damit gehört auch Bernstein zu dieser Gruppe. Bernsteine verschiedener geographischer Herkunft und unterschiedlichen geologischen Alters besitzen eine Reihe gemeinsamer physikalischer Eigenschaften, die durchaus die Sammelbezeichnung „Bernstein“ rechtfertigen.

Die Härte des Bernsteins liegt zwischen 2 und 3 der Mohsschen Härteskala. Heute wird meist die Mikrohärte in Megapascal (Mpa) kg/cm^2 x 10 angegeben (vgl. Krumbiegel und Kosmowska-Ceranowicz 2004). Die Dichte bzw. das spezifische Gewicht beträgt um 1,05 bis 1,096 g/cm^3 je nach Variante. Beimengungen, wie Pyrit und Quarz, oder auch ein hoher Anteil von Gasbläschen (schaumige Struktur) bewirken Schwankungen.

Die Spaltbarkeit ist infolge der amorphen, z. T. spröden Struktur in jeder Richtung möglich. Oft folgt sie jedoch den Schichtflächen der einzelnen aufeinander folgenden Harzflüsse, z. B. beim Baltischen Bernstein. Beim Dominikanischen Bernstein und zum Teil bei anderen Harzen haften die Schichten fest aufeinander.

Echte Bruchflächen haben einen großmuscheligen und glänzenden Bruch, sogenannte Muschelschalenflächen. Glattgeschliffene und polierte Oberflächen ergaben einen Refraktionswert von 1,54 (Schlee 1992).

Bernstein ist ein schlechter elektrischer Leiter, deshalb werden daraus Isolatoren hergestellt. Beim Reiben mit einem wollenen Tuch oder einem Leder lädt er sich negativ elektrisch auf. Der Bernstein zieht dann „kleine Papierschnipsel“ an.

Alle Bernsteine sind leicht entzündbar. Sie brennen mit rußender Flamme und entwickeln einen mehr oder weniger aromatischen Duft. Daher wurde und wird Bernstein in Kirchen zum Weihräuchern benutzt, besonders beliebt sind der Siegburgit und der Glessit.

Alle Bernsteine besitzen eine UV-Fluoreszenz, d. h. frisch angeschliffene, unverwitterte Oberflächen leuchten intensiv blau, wenn man sie mit einer UV-Lampe der Wellenlänge 320-380 nm beleuchtet. Die UV-Fluoreszenz läßt nach einiger Zeit an Intensität nach, geht in ein Olivgrün über und verschwindet schließlich. Verwitterte Flächen sind reaktionslos.

Bernstein hat unterschiedlichste Farben (s. S. 19-20). Die chemische Elementarzusammensetzung des Bernsteins besteht aus Kohlenstoff (C): 73,7–78,6 %, Wasserstoff (H): 9,45–10,5 %, Sauerstoff (O): 16,2-10,5 %; hinzu kommen geringe Mengen an Schwefel (S): 0,1–0,4 %. Bei verschiedenen Bernsteinen schwanken die Elementarzusammensetzungen zum Teil erheblich in Abhängigkeit vom Fundort.

Der Schmelzpunkt von Bernstein liegt bei 290°C, schwankt aber sehr bei den einzelnen Bernsteinarten und kann bis 384°C steigen.

In Wasser ist Bernstein praktisch unlöslich. Alkohol, Äther, Terpentinöl, Chloroform, Schwefelkohlenstoff, Eisessig und Leinöl lösen etwa 18–25 %. In Benzol und Azeton gehen 9–10 % in Lösung. Daraus ist ersichtlich, daß Bernstein ein Gemisch der verschiedenartigsten organischen Substanzen ist.

Um die chemisch-physikalischen Strukturen der fossilen Harze zu analysieren, die harzproduzierenden Pflanzen und Pflanzengruppen bzw. die Herkunft der Bernsteine zu ermitteln, werden heute eine Vielzahl moderner Untersuchungsmethoden angewandt, wie Dünnschichtchromatographie, Gaschromatographie, Pyrolyse, Infrarotspektroskopie (s. Abb. S. 29), Massenspektrometrie, magnetische Kernresonanz, Ramanspektroskopie, Messung der inneren Reibung, der Dielektrizitätskonstante und andere.

Infrarotspektren von fossilen Harzen aus dem nördlichen Harzvorland und aus dem Tertiär des Geiseltales bei Merseburg (nach Krumbiegel 1995 b).

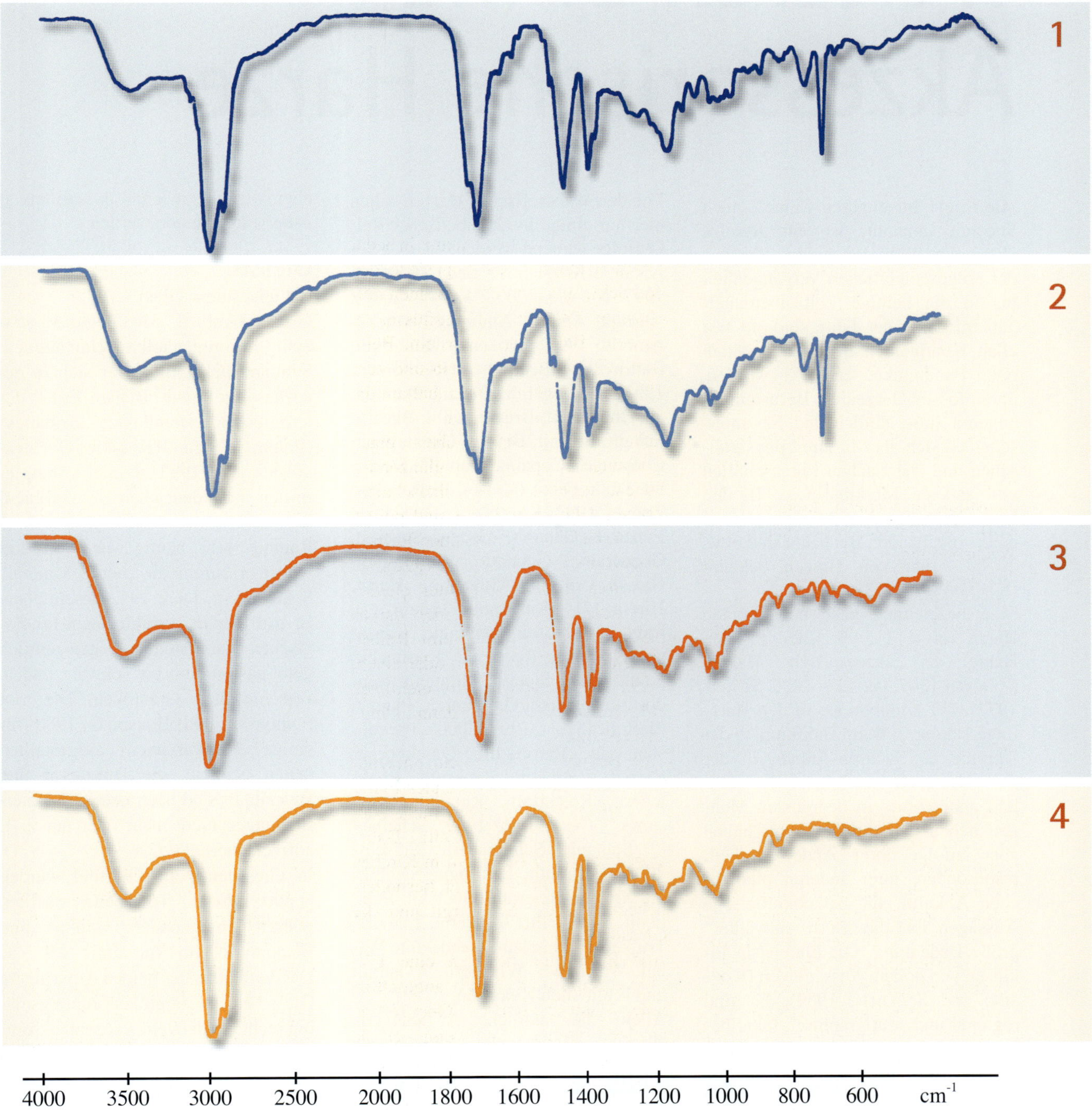

1 Krantzit, Tagebau Königsaue; 2. Krantzit, Tagebau Mücheln (Geiseltal); 3. Retinit, Tagebau Leonhardt (Geiseltal); 4. Retinit, Tagebau Neumark-Süd (Geiseltal). Besonders beachtenswert ist der unterschiedliche Kurvenverlauf zwischen 800 und 600 cm^{-1}. (IRS-Kurven aus dem Muzeum Ziemi/PAN in Warszawa/PL).

Bernstein im weiteren Sinne – Akzessorische Harze

„Bernstein im engeren Sinne", auch Succinit genannt, ist **ein** fossiles Harz, aber nicht das einzige, das aus der erdgeschichtlichen Vergangenheit bis in die heutige Zeit überdauert hat. Im Laufe der Jahre sind auf fast allen Kontinenten neue Lagerstätten oder Fundpunkte entdeckt worden, deren fossile Harze dem Bernstein im engeren Sinne ähnlich sind. Sie unterscheiden sich aber in ihren physikalischen und chemischen Eigenschaften und anderen Merkmalen, z. B. den Infrarotkurven, den Massenspektren u. a., voneinander. Bis heute sind etwa 70–80 Arten von Harzen bekannt (Kaunhowen 1928).

Man bezeichnet diese begleitenden Harze (etwa 1–3 % aller fossilen Harze) als „akzessorische Harze" (Zincken 1867, Pietzsch 1925, Strunz 1977). Oft kommen sie in den Harz-Lagerstätten, z. B. im Baltikum, in der Ukraine, in Sachsen-Anhalt, in der Schweiz, in Österreich, in der GUS und anderenorts in begrenzten Mengen neben dem Succinit vor, haben aber infolge ihrer Andersartigkeit, insbesondere ihrer anderen pflanzlichen Abkunft, für paläoökologische Aussagen über die „Bernsteinwälder" große Bedeutung. Oft führen sie Inklusen von hohem Aussagewert (Kohring und Schlüter 1989). Es sind regional und stratigraphisch lokal begrenzte Vorkommen, daher lassen sich von der Spezialisierung der Organismengruppen her präzise Rückschlüsse auf die Paläobiozönosen ziehen. Das Harzinventar zweier verschiedener Lagerstätten kann entweder von deren Besonderheit oder von der gemeinsamen Herkunft aus denselben Quellen zeugen.

Wirtschaftlich, d. h. als Grundstoffe für die Schmuckindustrie, werden die akzessorischen Harze kaum genutzt und sind nur von geringem Interesse.

Von den akzessorischen Harzen sollen hier nur einige in alphabetischer Reihenfolge genannt werden:

Ajkait (Körmendy und Neuwald 1997; Neuwald 2003; Kedves 2003), Allingit, Ambrit, Ambrosin, Amekit, Amorit, Anthracoxen, Baikerinit, Bathwillit, Beckerit (Krumbiegel 1993), Berengelith, Bielzit, Bombiccit, Boukerinit, Brücknerellit, Bucaramangit, Burmit, Butyrit, Chemawinit, Coorongit, Copalin, Copalit, Delatinit, Dixit, Duxit (Vávra, Bouška und Zdenek 1997; Krumbiegel 2002a, b), Euosmit, Gedanit, Gedano-Succinit, Geocerain, Geocerit, Geomyricit, Glessit, Goitschit, Guyaquilit, Hartit, Hircin (?), Hofmannit, Idrialit (?), Ionit (?), Ixolith, Jaulingit, Kansasit, Kiscellit, Kochenit, Koeflachit, Krantzit, Leucopetrit, Muntenit, Neudorfit, Newjersit, Oxikrantzit, Piauzit, Plaffeiit (Stoll 1999, 2000), Pseudostantienit, Pyrorhetin, Quickbornit, Refikit, Retinellit, Reussinit, Rochlederit, Rosthornit, Rumänit (Kosmowska-Ceranowicz 1999), Scheibeit (?), Schlanit, „Schlierseerit" (Schmidt 2003), Schraufit, Settlingit, Siegburgit, Simetit, Sklerotin, Stanekit, Stantienit, Succinellit, Tekoretin, Telegdit, Trinkerit, Uranelain, Vendeenit, Walait, Walchowit, Wheelerit, Xylanthit und schließlich Xyloretin.

Allein die stattliche Anzahl von Harzen zeigt, welche Bedeutung diesen pflanzlichen Abscheidungen beigemessen werden sollte. Einige dieser fossilen Harze kommen im mitteldeutschen Raum relativ häufig vor und wurden z. T. in den vergangenen Jahren an mehreren Fundorten in größeren Mengen auch neu gefunden. Sie waren Gegenstand der wissenschaftlichen Forschung (siehe Literaturangaben). Auf einige dieser Harze von Fundpunkten in Deutschland, in Polen, in Italien und in der ehemaligen Sowjetunion soll etwas näher eingegangen werden.

Glessit

(lat. glaesum = Glas).

Glessit (Abb. S. 31-33) wurde erstmalig zusammen mit Succinit aus dem Samland bekannt, wo er sich in der eozän-oligozänen „Blauen Erde" des tertiären Bernsteinflusses „Eridanos" (Polen, GUS) fand (Kosmowska-Ceranowicz 1991/1992). Ferner kommt er in den mitteldeutschen Braunkohlenlagerstätten des Sächsisch-Lausitzer Raumes sehr häufig vor. Von dort wurde er bereits als „neues Mineral" Scheibeit im Jahre 1912 beschrieben. Er tritt hier in verschiedenen lithologischen Varietäten auf, gelegentlich gelblich-rotbraun bis schwarz und in verschiedenen Grautönen. Die von Fuhrmann und Borsdorf 1986 für einige Farbvarianten aufgestellten neuen Namen, wie Durglessit und Bitterfeldit sind nach neuesten Untersuchungen nicht mehr oder nur z. T. aufrechtzuerhalten.

In Glessiten von Bitterfeld wurden pentazyklische Triterpene nachgewiesen, insbesondere Alpha- und Betaamyrin, im Verhältnis 1,9 : 1. Das Verhältnis der beiden Amyrine im Glessit entspricht größenordnungsmäßig recht gut dem eines rezenten tropischen Elemiharzes, das Angiospermen (Bedecktsamer) zugeordnet wird. Die Infrarotspektroskopie ermöglichte eine Zuordnung des Glessits zu den Burseraceen (Balsambaumgewächse) (Krumbiegel 1993; Kosmowska-Ceranowicz, Krumbiegel und Sauer 1993; Kosmowska-Ceranowicz, Krumbiegel und Vávra 1993; Kosmowska-Ceranowicz 1999; Krumbiegel und Kosmowska-Ceranowicz 2004).

Rotbrauner Glessit mit frischer, glänzender Bruchfläche aus dem Oberoligozän des Tagebaues Goitsche bei Bitterfeld. Größe: 9 cm, Gewicht: 115 g. Foto: G. Krumbiegel

Rotbrauner Glessit mit hellbrauner, zuckerkörniger Oberfläche aus dem oberoligozänen „Brack" des Tagebaues Goitsche bei Bitterfeld. Größe der Brocken: 6–10 cm. Foto: G. Krumbiegel

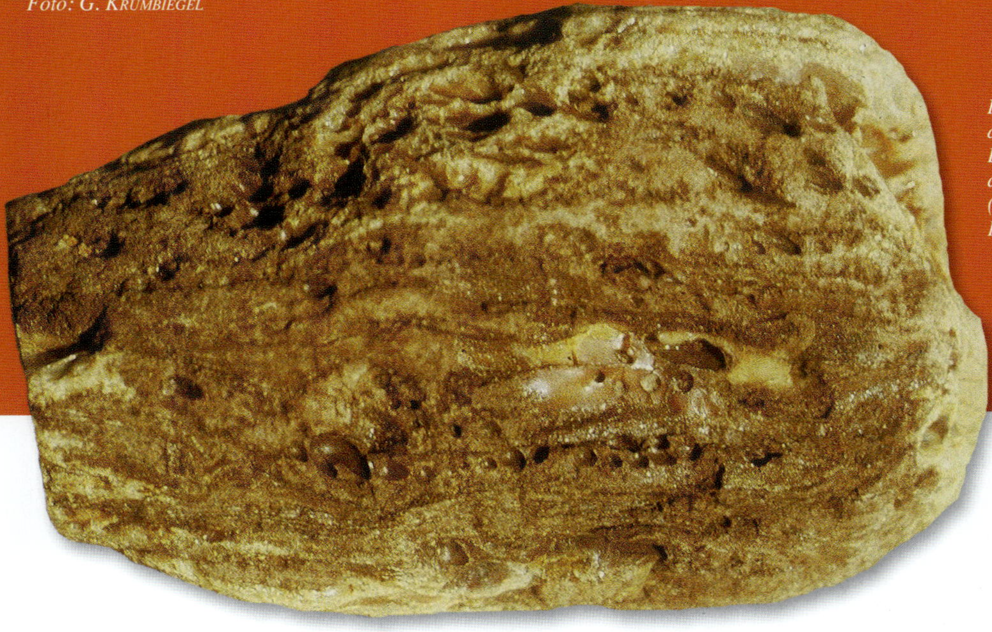

Hellgelber Glessit aus dem Oberoligozän des Tagebaues Goitsche bei Bitterfeld. Erkennbar sind der Geröllcharakter und die löchrig-gangartigen Innenstrukturen (Holzstruktur). Breite des Stückes: 5 cm. Foto: G. Krumbiegel

Dunkelbraun bis schwarzbraun gebänderter Glessit aus dem Miozän des Tagebaues Lohsa/OL. Höhe: 10 cm, Gewicht: 83 g. Foto: D. Brandt

Gedanit – weingelbes fossiles Harz, erstmalig benannt von Helm 1878. Der Name ist von dem lateinischen Namen für Danzig: gedanum abgeleitet. In Bitterfeld tritt er etwas häufiger als im Samland auf. Er enthält viel pflanzlichen Detritus. Foto: B. Kosmowska-Ceranowicz

Schwarzer, glänzender Stantienit (Schwarzharz) aus dem Oberoligozän des Tagebaues Goitsche bei Bitterfeld. Stücke etwa 2–5 cm. Foto: G. Krumbiegel

Gelbbraun bis orange gebänderter Glessit aus dem Miozän des Tagebaues Lohsa/OL. Breite: 8 cm, Gewicht: 62 g. Foto: D. Brandt

Gedanit

(lat. gedanum: Danzig, Gdańsk). Gedanit wurde schon 1878 von Helm aus dem Samland beschrieben. Es ist ein ganz durchsichtiges, brüchig-sprödes Harz von reingelber Farbe (s. Abb. S. 32). Manchmal ist es mit einer dünnen staubenden, weißen Verwitterungsrinde überzogen. Neuerlich fand sich in der Bitterfelder Braunkohle eine fast schwarze Variante mit einem gelbgrünen Farbton. Die Oberfläche des Gedanits zeigt eine merkliche dunkelblaue Opaleszenz (Kosmowska-Ceranowicz 1998).

Stantienit

(nach einem der Besitzer der Bernsteinfirma Stantien & Becker in Königsberg benannt; seit 1867 bekannt). Stantienit gehört zu den Schwarzharzen und wird fälschlicherweise auch als Gagat angesprochen.

Es werden unter den Bitterfelder Schwarzharzen zwei Varianten unterschieden: eine plattige mit matter Oberfläche und eine glänzende, knollige mit muscheligem sprödem Bruch (s. Abb. S. 33 u. 34). Eine weitere Variante ist der typische Stantienit aus Jantarnyj (Palmnicken) Rußland. Eine moderne paläobotanische Zuordnung ist bisher nicht möglich. Caspary (1882) ordnete das fossile Harz wegen des Fundes einer Kiefernnadel und eines 3-nadeligen Kurztriebes zu *Pinus succinifera*. (Krumbiegel und Kosmowska-Ceranowicz 2004).

Beckerit

(nach dem zweiten Besitzer der Bernsteinfirma Stantien & Becker in Königsberg benannt; seit 1867 bekannt). Beckerit, auch als „Braunharz" bezeichnet, ist ein braunes, an ein hartes Stück inkohltes Holz (s. Abb. S. 35) erinnerndes fossiles Harz.

Erst Ende des 20. Jahrhunderts wurden im Bitterfelder Bernsteinvorkommen Braunharze gefunden, die sich mit dem samländischen Beckerit vergleichen lassen (Krumbiegel 1997a, 1999a, b, c, 2000; Krumbiegel, Krumbiegel und Kosmowska-Ceranowicz 1999). Ein 112,3 g großes Beckeritstück aus der früheren Königsberger Bernsteinsammlung befindet sich heute noch im Geowissenschaftlichen Zentrum der Universität Göttingen. Dieses Stück könnte der Schlüssel für die Lösung des Rätsels der Herkunft der Braunharze sein. (Krumbiegel und Kosmowska-Ceranowicz 2004; Kosmowska-Ceranowicz und Ritzkowski 2004).

Die mitteldeutsche Braunkohle liefert noch weitere fossile Harze, für die sich in erster Linie die Wissenschaft interessiert, weil sie Bedeutung für paläobotanische Aussagen haben.

Stantienit-Varietät Typ 2 der Schwarzharze im Tagebau Goitsche bei Bitterfeld „Größtes" gefundenes Schwarzharzstück; Gewicht: 100 g, Breite: etwa 9–10 cm. Foto: G. Krumbiegel

Historische Proben von Stantienit (Schwarzharz), Beckerit (Braunharz) und Simetit (Sizilianisches Harz) aus der Bernsteinsammlung des Apothekers und Stadtrates Otto Helm (1826–1902) im ehemaligen Westpreußischen Provinzialmuseum in Danzig (heute Archäologisches Museum Gdańsk). Foto: G. Krumbiegel

Erdig-brauner Beckerit (Braunharz) mit Schrumpfungs- bzw. Trockenrissen auf der Oberfläche (größter Neufund; Durchmesser: 7 cm). Fundort Tagebau Goitsche (Bitterfeld, Sachsen-Anhalt). Foto: G. Krumbiegel, M. Meise

Cabochonartig gewölbtes Beckeritstück mit polierter, mattglänzender Oberfläche. Die Schliffflläche weist Schlieren auf (Fließspuren des Harzes) und kleinste Quarzeinsprenglinge des harzführenden Sediments. Durchmesser der Schliffflläche v. ob. n. unten 4 cm. Fundort Tagebau Goitsche (Bitterfeld, Sachsen-Anhalt.) Foto: G. Krumbiegel; M. Meise

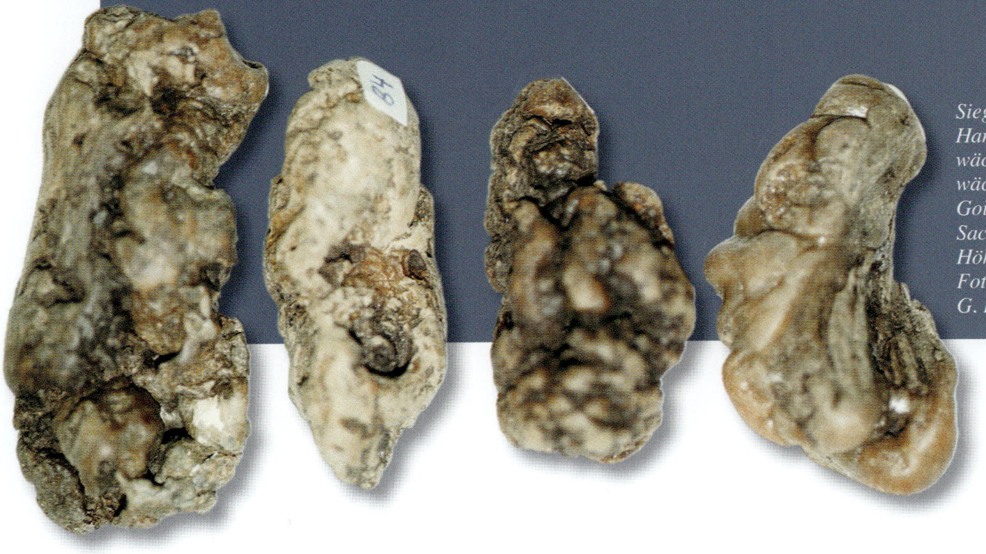

Siegburgit, ein tertiäres Harz von Hamamelisgewächsen (Zaubernußgewächse), Fundort Tagebau Goitsche (Bitterfeld, Sachsen-Anhalt). Höhe: 4–5 cm. Foto: G. Krumbiegel; M. Meise

Siegburgit

(benannt nach der Stadt Siegburg am Niederrhein).

Siegburgit wurde erstmalig aus der Umgebung von Troisdorf und Siegburg durch LASAULX 1875 beschrieben. Dort fand man ihn in Form von Konkretionen eingebettet in klastische Sedimente zwischen Braunkohlenflözen. Die grau-weißen Brocken (S. 35) bestehen zur Hälfte aus Sandkörnern, die durch Siegburgit (bis 55 %) als Bindemittel verkittet sind. Sie wurden als „Brennbarer Stein“ für Feuerungszwecke benutzt. KLINGER und PITSCHKI (1884) haben im Siegburgit erstmalig Styrol und Zimtsäure nachgewiesen. Sie nahmen an, daß das Harz von dem Laubbaum *Liquidambar* aus der Familie der Hamamelidaceae (Hamamelis- oder Zaubernußgewächse) stammt.

Ein aromatisches Harz aus dem Tagebau Goitsche bei Bitterfeld ist vermutlich eine Variante des Siegburgits (KOSMOWSKA-CERANOWICZ und KRUMBIEGEL 1992; KOSMOWSKA-CERANOWICZ 2000).

Siegburgit wurde weder aus den Lagerstätten des Baltikums noch aus der Ukraine beschrieben. Aus dem Tagebau Goitsche (Bitterfeld) wurde Siegburgit mit physiko-chemischen Methoden in Amsterdam/NL untersucht (PASTOROVA 1997). Im Bereich des heutigen Harzes *Liquidambar orientalis* MILLS (Gum Storax) wurden zwölf Verbindungen gefunden, aus denen drei für Markierungs-Verbindungen, sog. Biomarker gehalten wurden (PASTOROVA, WEDDING und BOON 1998; WINKLER 2004). Die Entstehung des natürlichen Polystyrols wird der frühen Polymerisation einiger Harze und der Dekarbolisation während einer langen erdgeschichtlichen Periode zugeschrieben. Diese Art der Polymerisation führt zur Entstehung der vernetzten Polymere (KRUMBIEGEL und KOSMOWSKA-CERANOWICZ 2004).

Krantzit und Oxikrantzit

Krantzit gehört zur Gruppe der aromatischen Harze und wurde von BERGEMANN 1859 aus der Braunkohle von Latdorf bei Nienburg (Sachsen-Anhalt) beschrieben und nach F. KRANTZ, dem Inhaber des Rheinischen Mineralienkontors KG in Bonn benannt. Später wurden in Mitteldeutschland weitere Vorkommen bekannt: Geiseltal bei Merseburg, Nietleben bei Halle/Saale, Altenweddingen und Mühlingen in der Umgebung von Magdeburg und Königsaue bei Aschersleben.

Das helle bis dunkelgelbe Harz ist durchsichtig oder durchscheinend und enthält oft mit Wasser gefüllte Bläschen (sogenannte Wasserwaagen). Manchmal findet man walchowitähnliche Varianten. Der Krantzit kommt vor im Tagebau Königsaue in Form von Harzbrocken und in sinterartigen Gebilden. Vor allem sind es Tropfen (Durchmesser bis 2,5 cm), deren Oberfläche oft mit Trockenrissen überzogen sind. Kleine Zapfen entstanden bei ein- oder mehrmaligem Harzausfluß. Die Verwitterungsrinde der Harzbrocken ist im allgemeinen heller als das Innere. Das Harz besitzt einen starken, typischen Eigengeruch nach Schwefel. Die Elementaranalyse zeigt: C: 78,1 %, H: 9,5 %, O: 6,6 %, S: 5,8 %. (KRUMBIEGEL 1995 b; KOSMOWSKA-CERANOWICZ 2002a).

Ist der Krantzit von den verschiedenen Fundpunkten der Umgebung von Halle gelb, so zeigt sich der Oxikrantzit dunkelrot mit braunroter Verwitterungsrinde. Oxikrantzit-Fundpunkte sind Körbisdorf (Geiseltal), Tagebau „Neuglück“ bei Bornstedt, Mühlingen und Altenweddingen.

Genetisch handelt es sich bei den Krantzitvorkommen von Königsaue um örtliche fluviatile Seifenbildungen im Randbereich großflächiger tertiärer Bruchwaldseen (KOSMOWSKA-CERANOWICZ und KRUMBIEGEL 1990; KRUMBIEGEL 1995; KRUMBIEGEL und KOSMOWSKA-CERANOWICZ 2004).

Krantzit aus der mitteleozänen Braunkohle des Geiseltales bei Merseburg, ehemaliger Tagebau Großkayna (z. T. Tropfen mit Schrumpfungsrissen).
Foto: G. Krumbiegel

Retinit aus der mitteleozänen Braunkohle des Geiseltales bei Merseburg, ehemaliger Tagebau Mücheln. Fossiles Harz mit anhaftenden, inkohlten Xylitresten.
Foto: G. Krumbiegel

Geologisches Alter fossiler Harze

Das geologische Alter der verschiedenen fossilen Harze ist sehr unterschiedlich; es reicht vom Karbon bis ins Quartär. Die wichtigste Voraussetzung für die Entstehung von Harzlagerstätten ist das Vorhandensein harzabscheidender Pflanzen in den einzelnen geologischen Zeitabschnitten.

Die Altersbestimmung einer bernsteinführenden Schicht erfolgt mit Hilfe der Geologie, insbesondere der Feinstratigraphie, der Lithologie sowie der Sedimentologie. Die Harze stecken im Gestein zwischen älteren unterlagernden und jüngeren überlagernden Schichten. Finden sich in diesen Schichten „Leitfossilien", ist eine biostratigraphische Festlegung des relativen geologischen Alters des bernsteinführenden Horizontes möglich. Enthalten die bernsteinführenden Sedimente zusätzlich noch radioaktive Mineralien, so ist mit physikalischen Methoden eine absolute Altersangabe möglich. Die Frage, ob der Bernstein an Ort und Stelle (autochthon) oder ob er anderenorts (allochthon) und zu früheren Zeiten entstanden ist und er erst später an seinen gegenwärtigen Funkpunkt gelangte, wird durch Untersuchung der Sedimente der Lagerstätte, z. B. durch die Schwermineralanalyse u. a. sowie der lithologischen Beschaffenheit der Rohbernsteine geklärt.

Bernsteine bzw. Harze auf primärer Lagerstätte werden meist zusammen mit größeren Mengen inkohlten Holzes, einschließlich Wurzelresten, Rindenteilen und anderen pflanzlichen Resten gefunden. Auch haften an Bernsteinstücken oft Kohlekrusten (= Borke) oder finden sich eingebettet im Harz determinierbare Holzreste. Bei Bernsteinen auf sekundärer Lagerstätte wurden diese Krusten durch den Transport zerstört, die Bernsteinbrocken sind abgerollt, d. h. gerundet. Ebenso fehlen in der Regel die sonst mit im Sediment eingebetteten weiteren Pflanzenreste. Sie wurden beim Transport des bernsteinführenden Sediments zerkleinert und zerstört.

Erste kleine fossile Harzpartikel sind schon aus dem Erdaltertum (Paläozoikum), aus der Steinkohlenzeit (Karbon) bekannt. Die damals häufig vorkommenden Cordaiten (Cordaitales) und Cycadofilices oder Farnlaubgewächse konnten Harz produzieren, aber offenbar nur in minimalen Mengen. Auch blieb wohl das Harz im Pflanzeninneren und ist daher nur selten zu finden.

Paläozoisches Harz kennt man z.B. aus Elsaß-Lothringen bei Forbach (Krzeminski 1995), aus dem Ruhrgebiet und Oberschlesien sowie von Northumberland/England, aus dem oberen Mississippi-Tal und von Montana/USA.

Aus dem Erdmittelalter (Mesozoikum) wurden sporadische Harzfunde vom Leitnerbichel bei Schliersee bekannt.Sie wurden bisher als triassische Harze gedeutet, entstanden aber in der Kreidezeit (99–93 Mill. Jahre), (Schmidt 2003).

Das harzführende Sediment, ein fein- bis mittelkörniger Sandstein, enthält Pflanzenhäcksel, Harznester (rote und granatrote Harzreste) und gleichaltrige Mikroorganismen. Es sind Turbidite (Trübeströme). Das Harz wurde inoffiziell als „Schlierseerit" bezeichnet. Die harzliefernden Bäume wuchsen in einem tropisch-subtropischen Klima am Nordrand der Afrikanischen Platte. Gewebereste deuten auf Harze der Gattung *Pinus*. Das Harz enthält Mikroinklusen (Poinar, Waggoner & Brauer 1993; Schmidt et al. 2001, 2003 etc.): Algen, Bakterien, Pilze, Pollen, Sporen, Ciliaten und Amöben (Schmidt et al. 2004). Ein lokal eng begrenztes obertriassisches Vorkommen ist noch aus Tirol bekannt. Auch aus der Gegend von Lunz in Niederösterreich sind Harze (sog. „Copalin") im Karn (Trias) gefunden worden.

Aus dem Jura (Purbeck) Bornholms wurden ebenfalls Harze beschrieben, ebenso aus dem Oberjura der Grube Guimarota in Portugal (Gloy und Kohring 1999). Der jurassische Nusplinger Plattenkalk hat auch fossile Harze geliefert (Schweigert 2003).

Die größten Konzentrationen fossiler Harze finden sich in den Sedimenten der Kreide, des Tertiärs und des Quartärs der Nordhemisphäre der Erde. Diese Vorkommen stehen in engem Zusammenhang mit der üppigen Entwicklung der modernen Pflanzenwelt, den Angiospermen (Bedecktsamer) und Koniferen (Nadelbäume) am Ende des Erdmittelalters und in der Erdneuzeit (Känozoikum).

Das exakte Alter vieler fossiler Harze ist aber nicht immer bestimmbar, da es oft nicht mit dem geologischen Alter der bernstein- bzw. harzführenden Sedimente übereinstimmt. In der Regel lagern fossile Harze auf sekundärer, tertiärer oder quartärer Lagerstätte, d. h. wurden mehrfach umgelagert, und finden sich nicht dort, wo sie ursprünglich gebildet worden sind. Als Transportmittel spielen dabei das Wasser der Flüsse, die Meerestransgressionen (Überflutungen), die Gletscher oder ihre Schmelzwässer eine bedeutende Rolle.

Die Entstehung des Bernsteins nach Johann von Cube *im 15. Jahrhundert, aus dem Herbarium Hortus Sanitas: Der „Bernsteinbaum".*

Baltischer Bernstein (nat. Größe) von Mikoszewo mit Bewuchs von Balaniden (Seepocken) (Balanus improvisilius Darwin*). Muzeum Ziemi/PAN, Warszwa.*
Foto: G. Krumbiegel

Geographische Verbreitung fossiler Harze

Verbreitung fossiler Harze des Känozoikums auf der Erde und ihr geologisches Alter (Auswahl)

Über die geographische Verbreitung und das geologische Alter der fossilen Harze informieren die Karten S. 40 und S. 41. Sie zeigen eine überraschend große Anzahl von Fundstellen über die gesamte Erdoberfläche verbreitet. Nicht in allen der genannten Fundstellen sind die Harze in großen, abbauwürdigen Mengen vorgekommen.

Man erkennt, daß alle Kontinente, ausgenommen die eisbedeckte Antarktis, fossile Harze geliefert haben. Sicher werden künftig weitere Fundstellen hinzukommen, in Abhängigkeit von der geologischen Erkundung und Erschließung der Kontinente. Ein Beispiel aus neuester Zeit sind die Bernsteinvorkommen im Regenwald von Sarawak auf der Insel Borneo (Hillmer, Voigt und Weitschat 1992).

Nicht alle Fundorte haben wirtschaftliche Bedeutung für die Schmuckindustrie erlangt, wie beispielsweise in neuer Zeit von 1975 bis 1993 die Bernsteinlagerstätte des Bitterfelder oder Sächsischen Raumes (Kosmowska-Ceranowicz und Krumbiegel 1989; Krumbiegel und Kosmowska-Ceranowicz 1992; Knuth, Koch, Rappsilber und Volland 2002; Wimmer, Holz und Rascher 2004).

Bei der Neuentdeckung und bei den Revisionsuntersuchungen alten Harzmaterials sind wissenschaftlich und wissenschaftshistorisch interessant diejenigen Fundpunkte, die bisher in den Harzen keine fossilen Organismen (Inklusen) lieferten oder enthielten und wo nun zahlreiche Inklusen gefunden wurden. Hier sollen als besonders attraktive Fundstätten neben dem Baltischen Bernstein, der Dominikanische Bernstein (SCHLEE 1990), der Sizilianische Bernstein oder Simetit (KOHRING und SCHLÜTER 1989, 1992), der Sibirische Bernstein (ZHERIKHIN und SUKATCHEVA 1973) und der spanische Bernstein (ALONSO, CORRAL und LOPEZ 1999) genannt werden. In allen vier Harzen entdeckte man paläoökologisch hochinteressante Fossileinschlüsse in großer Anzahl und von hoher Aussagekraft.

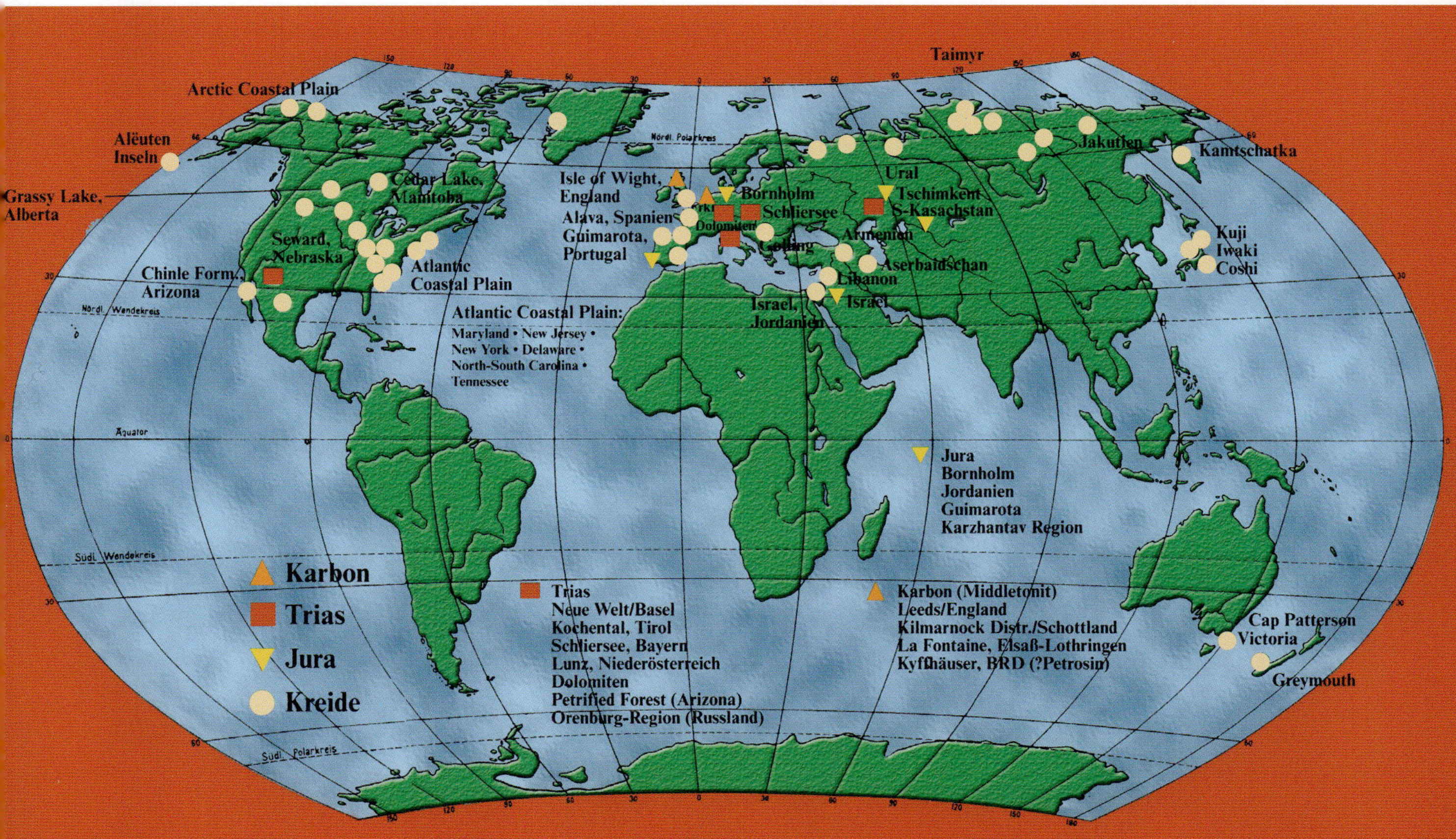

Verbreitung fossiler Harze des Mesozoikums und Paläozoikums auf der Erde und ihr geologisches Alter (Auswahl)

Bernsteinlagerstätten der Erde (Auswahl)

Alle Bernsteinlagerstätten hier zu beschreiben, würde den Rahmen dieser Darstellungen sprengen, daher sollen nachfolgend nur einige ausgewählte Bernstein- bzw. Harzfundstellen aus aller Welt dargestellt werden, die aus wissenschaftlicher und wirtschaftlicher Sicht nennenswerte Mengen fossiler Harze erbracht haben. Die Beschreibung der Fundorte erfolgt nach Kontinenten geordnet.

Europa

Baltikum

In Europa ist der berühmteste der Baltische Bernstein. Die bekannteste, vor allem aber die ergiebigste Fundregion war bisher der gesamte Ostseeraum und hier wieder das Gebiet des früheren Ostpreußens, mit Königsberg, heute der Oblast Kaliningrad (Exklave „Jantar") der Russischen Republik. Seinen Namen erhielt dieses fossile Harz nach dem „mare balticum", der heutigen Ostsee.
Während der pleistozänen nordeuropäischen Inlandvereisung wurde dieser Bernstein sehr häufig nach Süden bis weit in das Binnenland des nördlichen Mitteleuropas auf sekundäre Lagerstätten verfrachtet, dort wieder sedimentiert, aber auch von dort aus erneut auf tertiäre und quartäre Fundstellen umgelagert.
Das primäre Entstehungsgebiet ist das südliche Skandinavien, insbesondere Süd- und Mittelschweden sowie Finnland. Möglicherweise dehnten sich die dort gelegenen harzliefernden Wälder noch weiter nach Osten aus, bis in das nördliche Rußland und den sibirischen Raum hinein. Von den Bernsteinwäldern in dieser Gegend ist nichts mehr erhalten geblieben. Sie wurden durch die Gletscher der pleistozänen Inlandvereisung zerstört.
Die Bernsteinlagerstätten der südlichen Ostseeküste verdanken ihre Entstehung dem Eridanos-Fluß, der den an seinem Oberlauf ausgewaschenen Bernstein nach Süden transportierte und am Rand eines Meeresbeckens, in der sogenannten Blauen Erde, die sich als Łeba-Hebung vom Samland bis Chłapowo erstreckt, ablagerte. (Kosmowska-Ceranowicz 1991/1992; Krzeminska, Krzeminski, Haenni und

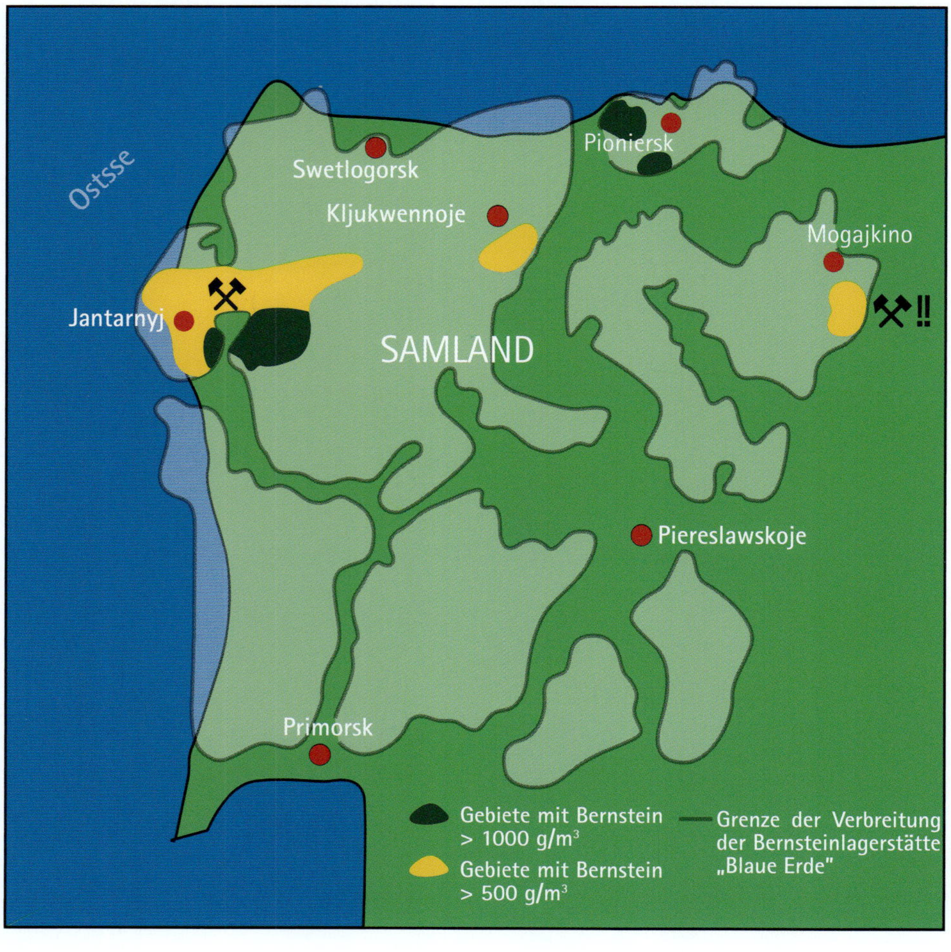

Die Bernsteinlagerstätte auf der Halbinsel Samland (Verbreitung der Blauen Erde) (nach Guriewicz und Kazanow 1976)

Dufour 1992; Kharin 1995; Kharin und Lukashina 2002).
Die bernsteinführenden Sedimente sind also eine Deltaschüttung an der Küste eines marinen Beckens. Große Mengen Glaukonit, auf den das Grünblau der Sedimente zurückgeht, beweisen die marine Umgebung, während Diagonal- und Kreuzschichtung auf eine Deltaschüttung hinweisen. Den „sprechenden“ Namen „Blaue Erde“ erfand Zaddach 1867.
Im Samland streichen die bernsteinführenden Schichten entlang der Küste nach Westen hin aus, während sie nach Osten ins Landesinnere etwa 20-25 m tief unter das Meeresspiegelniveau absinken (vgl. Fig. 34 bei Kosmowska-Ceranowicz u.a. 1984; Kharin 1995; Blazhchishin 2001; Kharin und Lukashina 2002; Guriewicz und Kazanow 1976).
Diese Sedimentationsvorgänge fanden im Alttertiär (Eozän – Oligozän) vor etwa 49-35 Millionen Jahren statt. Später im Miozän und Pleistozän wurde der Bernstein dann erneut durch Flußwässer und durch die Brandung ausgespült und durch Meeresströmungen weitertransportiert und umgelagert. So gelangte Bernstein, z. T. auch per Flußtransport auf dem Landwege bis nach England. Fuhrmann und Borsdorf (1986) nehmen dagegen an, „... daß der Bernstein der samländischen miozänen Sedimente kein umgelagerter älterer Bernstein ist, sondern erst im Miozän gebildet wurde.“

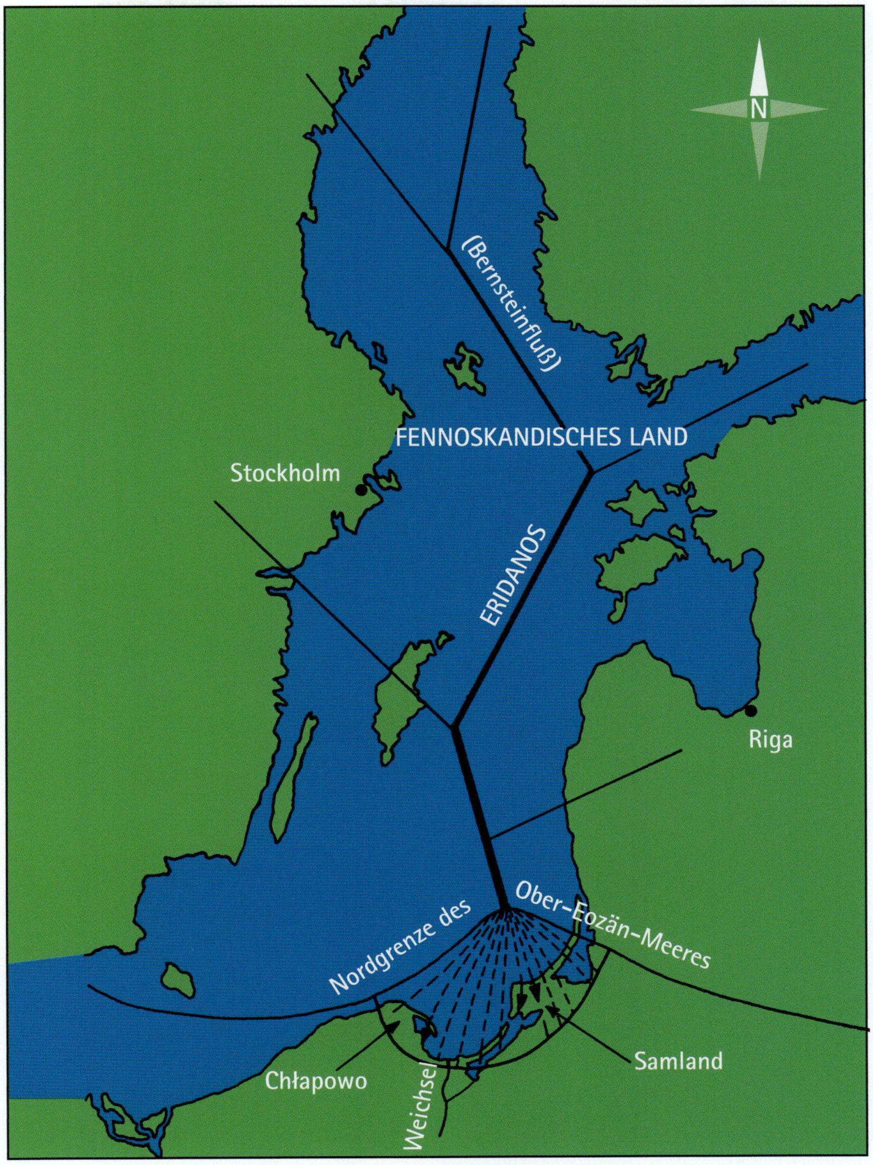

Hypothetische Landkarte des Bernsteinflusses „Eridanos“ (nach Kosmowska-Ceranowicz 1991/1992) mit den bedeutendsten und ergiebigsten Bernsteinvorkommen im Chłapowo-Samland-Delta.

Die größte Bedeutung erlangte der Baltische Bernstein wegen seiner Inklusen. Diese im fossilen Harz eingeschlossenen pflanzlichen und tierischen Organismen ermöglichen einen tiefen und vielseitigen Einblick in die Lebewelt des Alttertiärs. Sie erlauben es, die Landschafts- und die Biotopverhältnisse (Lebensräume) während der Entstehung der fossilen Harze zu rekonstruieren. Ein umfangreiches Schrifttum legt über diese Forschungsergebnisse der Paläoökologie Zeugnis ab: Andrée 1951; Bachofen-Echt 1949, 1996; Hennig 1964–1972; Keilbach 1982; Larsson 1978; Poinar 1992; Schlee 1980, 1992; Schlee und Glöckner 1978; Spahr 1981–1989; Krzeminska, Krzeminski, Haenni und Dufour 1992; Kosmowska-Ceranowicz 1993 und zahlreiche laufend erscheinende Spezialveröffentlichungen.
Neben der paläontologischen Bedeutung des Baltischen Bernsteins für naturwissenschaftliche Aussagen hat er kulturhistorisch über Jahrhunderte hinweg eine große Rolle gespielt. Der Rohstoff Bernstein war das Ausgangsmaterial für die Herstellung kunsthandwerklicher Erzeugnisse, wie Schnitzereien sakraler und profaner Art (Bardovskaja und Grigorowitsch 1991; Barford, Jacobs und Ritzkowski 1989; Reineking v. Bock 1981; Enke 1986; Grabowska 1982; Wermusch 1991; Erichson und Tomczyk 1998; Butrimas 2001; E. u. M. Mierzwińska und Żak 2002). Es entstanden einmalige Kunstwerke, wie sie z. B. das Burgmuseum Malbork (Marienburg an der Nogat) zeigt (Grabowska und Mierzwińska 1980; Mierzwińska 1992 , 2000 a, b) (s. S. 101).
Demgegenüber steht eine strenge Gesetzgebung (Bernsteinregal), das Sammeln, den Abbau und die Verarbeitung des Bernsteins betreffend. Sie führte im Verlaufe der Geschichte Mitteleuropas zeitweise zu schweren Repressalien, wie Todesstrafe und Kerker für die Sammler und Küstenbewohner, und zu anderen Auswüchsen. Auf die Farb- und Strukturvarianten des Baltischen Bernsteins wurde bereits auf S. 19 bis 20 eingegangen. Sie spielen vor allem für die Verarbeitung zu Schmuckstücken eine entscheidende Rolle. Hierfür verwendet man den klaren, ungeschichteten Bernstein und den „Schlaubenstein“ oder „Inklusenstein“.

Blüte einer Pflanze der Familie Rosaceae (?) (Rosengewächse). Länge: ca. 6 mm. Baltischer Bernstein. Coll. A. Wiszniewski . Foto: J. Kupryjanowicz

.ebermoos der Gattung Frullania sp. .aticae – Lebermoose); Sproß von ven- · Länge: ca. 9 mm. Baltischer Bernstein. A. Wiszniewski. : J. Kupryjanowicz

Käfer (Coleoptera) der Familie Psepha- . Körperlänge: ca. 1,2 mm. Baltischer stein. Coll. A. Wiszniewski : J. Kupryjanowicz

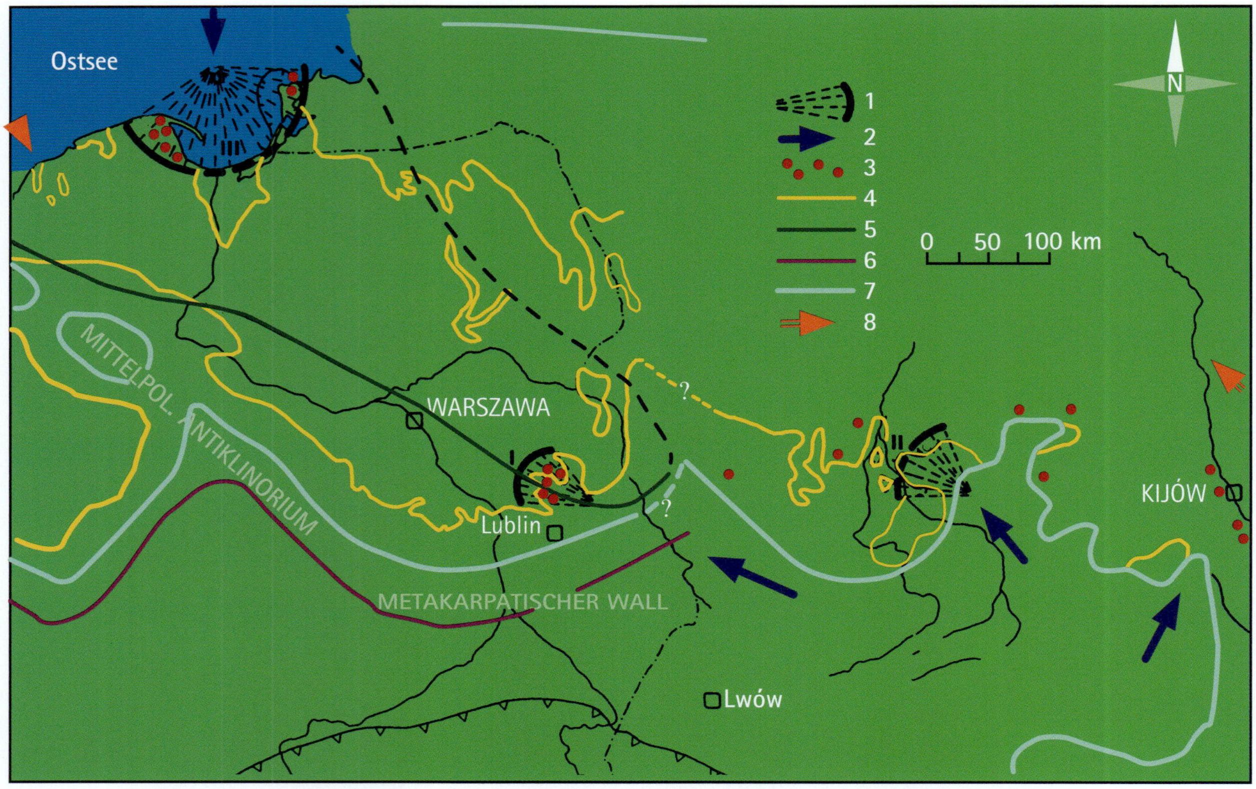

Die Bernsteinsedimentation im Tertiärmeer Osteuropas (nach Kosmowska-Ceranowicz *1991/1992). I – Parczew-Delta (nördlich Lublin), II – Klesow-Delta (Kiew und Charkow), III – Chłapowo-Samland-Delta (Samland, Preußen und Weichselniederung)*
1 – Deltaschüttungen (vgl. I– III), 2 – Richtungen der Zufuhr bernsteinführender Sedimente, 3 – Fundstellen des Bernsteins,
4 – Grenze der Verbreitung obereozäner Sedimente,
5 – Verbreitung des Meeres im Mitteleozän, 6 – Verbreitung des Meeres im Obereozän,
7 – Maximale Sedimentationsgrenze im Obereozän, 8 – Richtung der eozänen Transgressionen. (4–8 nach Ciuk & Piwocki *1988)*

Herz- und kreuzförmige Votivanhänger sowie kurpischer Rosenkranz mit Herz und Kreuz.
Foto: Distriktmuseum Łomża

Volkstracht aus der Kurpie-Region Polens am Narew mit den typischen, prächtigen Halsketten (bis 400–500 g Gewicht) der Frauen.
Foto: Distriktmuseum Łomża

Polen

In den Bereich des Baltischen Bernsteins gehören auch die Lagerstätten in Polen (Kosmowska-Ceranowicz 1986; Kosmowska-Ceranowicz 1989, 1991/1992). Sie sind verschiedenen Alters. Der älteste Bernstein findet sich in Kreideablagerungen, der Großteil aber liegt in Tertiär- und Quartär-Sedimenten. Bisher wurden etwa 650 Fundpunkte bekannt, von denen einige große wissenschaftliche, ethnographische und wirtschaftliche Bedeutung erlangt haben (Kosmowska-Ceranowicz 2002).

Die kreidezeitlichen Harze, sie ähneln dem Neudorfit und Walchowit, sind aus Bohrungen bekannt, die im nordsudetischen Becken bei Bolesławiec (Bunzlau) und im Karpatenflysch im Südosten Polens niedergebracht wurden.

Die größte Bernsteinlagerstätte bildete sich vom Obereozän bis Unteroligozän an der Nordgrenze des Eozänmeeres im Bereich des Chłapowo-Samland-Deltas. Zur gleichen Zeit oder etwas früher entstanden mehrere ähnliche, kleinere Deltas an der Südküste: Im Norden des Metakarpatischen Walls auf der Hochfläche von Lublin, das Parczew-Delta, und auf dem Ukrainischen Schild, das Klesow-Delta (Klesow, Kiew und Charkow) (Koshil, Vasilishin und Panchenko 1993, 1996).

Auf dem Ukrainischen Schild fand eine ebenso günstige Florenentwicklung statt wie auf dem Baltischen Schild mit entsprechend reicher Harzproduktion. Von diesem höhergelegenen Gebiet wurden Harze durch Flüsse dem Meer zugeführt. Die Harze sind Succinite; sie ähneln dem Baltischen Bernstein, werden aber als Ukrainischer Bernstein bezeichnet.

Im Quartär wurde der tertiäre Bernstein, z. B. aus dem Chłapowo-Samland-Delta, erneut auf eine sekundäre Lagerstätte umgelagert. Intensive fluviatile Erosionsvorgänge während der Vereisungszeiten zerstörten die tertiären bernsteinführenden Sedimente und transportierten den Bernstein über lange Strecken an andere Orte. 600 solcher Fundstätten und Abbauorte von Bernstein sind auf dem Territorium Polens bis 1982 bekannt geworden (vgl. Abb. S.41 bei Kosmowska-Ceranowicz 1991/1992; Mazurowski 2003).

Die größten Bernsteinanreicherungen des Quartärs liegen im Einzugsgebiet des Narew (Jastrzębski 2002), in den Wäldern bei Tuchola (Tuchel), auf der Kaschubischen Seenplatte und in Masuren. In diesen Gebieten besitzt der Bernstein eine große Bedeutung in der Volkskunst, hat der Umgang damit sehr lange Tradition. Dies drückt sich aus in vielen Legenden und Sagen über den Bernstein und seine Entstehung, in vielen volkstümlichen Bezeichnungen seiner Arten und Abarten sowie ausgefeilten Methoden der Gewinnung und Verarbeitung. Zu den schönsten und mannigfaltigsten kurpischen Bernsteinerzeugnissen gehören die prächtigen Halsketten (bis 500 g Gewicht), Hochzeitskolliers, Hutklammern, pilzförmigen Westenknöpfe, Rosenkränze u. a. Eine Besonderheit sind die sogenannten Spinnen, ein Bernsteinschmuck, der in reichen kurpischen Bauernhäusern an der Decke hing. Viele Erzeugnisse dieser kurpischen Bernsteinkunst zeigt das Distriktmuseum in Łomża. (Kosmowska-Ceranowicz und Konart 1989; Krumbiegel und Krumbiegel 2001).

Vom Eistransport zeugen die Toteisbildungen, d. h. Bodensenken, gefüllt mit Bernsteingeschieben. Beispiele dafür finden sich in Możdżanowo bei Słupsk (Stolp), wo ca. 5 Tonnen roher Bernstein gefördert wurden und in Zielnowo bei Radzyn Chelmski.

Die Bernsteinwanderung setzte sich im Holozän fort und dauert in der Gegenwart an. Betroffen ist vor allem der Küstenbereich der Ostsee, die den Bernstein aus tertiären und pleistozänen Schichten auswäscht und an den Stränden wieder ablagert.

An einem dieser Holozänstrände im Gebiet des Nordhafens von Danzig (Gdańsk-Stogi) und in der Weichselniederung wird Bernstein heute gewerbsmäßig abgebaut. Mit hydraulischen Abbaumethoden gewinnt man 8–10 Tonnen pro Jahr. Der Bernsteinabbau im unteren Weichseltal ist uralt: Man kennt ca. 800 neolithische Bernsteinwerkstätten.

Deutschland

Im Verbreitungsgebiet des nordeuropäischen Bernsteins beobachtete man in den letzten Jahren drei Fundpunkte, die unabhängig voneinander entstanden sind und von denen einer

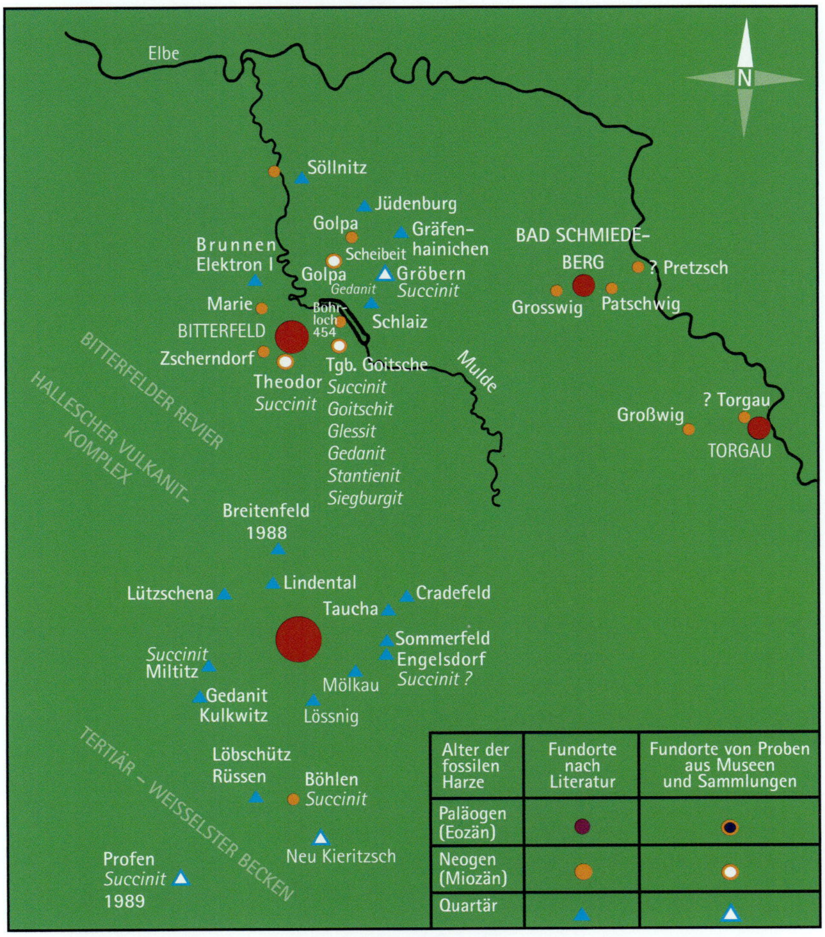

Verbreitung von Bernstein und anderen fossilen Harzen im mitteldeutschen Raum (nach Krumbiegel & Kosmowska-Ceranowicz 1992). Östliches Fundgebiet

inzwischen beachtliche wissenschaftliche und wirtschaftliche Bedeutung erlangt hat.

Sachsen-Anhalt und Sachsen: In den siebziger Jahren des vorigen Jahrhunderts wurde im Elbe-Mulde-Winkel, dem Raum um Bitterfeld und in der Dübener Heide, eine historische Bernstein-Lagerstätte wiederentdeckt und erneut wirtschaftlich genutzt. Der ergiebigste Fundpunkt ist vor allem der Tagebau Goitsche bei Bitterfeld; ein zweites Fundgebiet liegt bei Bad Schmiedeberg. Dieser „Sächsische oder Bitterfelder Bernstein“ ist schon seit 1669 bekannt und lieferte bis 1993 tonnenweise (bis 50 Tonnen pro Jahr) schmuckgeeigneten Bernstein von hoher Qualität (BARTHEL und HETZER 1982; FUHRMANN und BORSDORF 1986; KOSMOWSKA-CERANOWICZ und KRUMBIEGEL 1989; KRUMBIEGEL und KOSMOWSKA-CERANOWICZ 1989, 1992; WIMMER, HOLZ und RASCHER 2004). Außerdem erbrachten die honiggelben Succinite vorzüglich erhaltene Inklusen, nicht nur Abdrücke, sondern auch körperlich erhaltene pflanzliche und tierische Organismen. Es wurden bereits mehr als 250 Taxa beschrieben (SCHUMANN und WENDT 1989; KRUMBIEGEL 1999).

Man unterscheidet mehrere Harzarten: Succinit, „Goitschit“; Gedano-Succinit, Gedanit, Glessit; Siegburgit; Stantienit (Schwarzharze), Beckerit (Braunharze) (FUHRMANN und BORSDORF 1986; KRUMBIEGEL und KOSMOWSKA-CERANOWICZ 1992; KRUMBIEGEL 1995; KRUMBIEGEL und KOSMOWSKA-CERANOWICZ 2004). Stratigraphisch werden die bernsteinführenden Sedimente ins Oberoligozän (23,8–25,3 Millionen Jahre) gestellt, sind somit also jünger als die bernsteinführende „Blaue Erde“ des Baltikums (KNUTH, KOCH, RAPPSILBER und VOLLAND 2002; BÜCHNER 1999).

Die etwa 4-6 m mächtigen, sandig-schluffigen Lagen und Linsen im Liegenden des Bitterfelder Hauptflözes, die (vgl. Abb. S. 49) Bitterfelder Schichten, sind Ablagerungen einer zumindest lokal vollmarinen Ingressionsphase in einem Litoral- oder Küstenbereich.

Bergmännisch gewonnen wurde der Bernstein von 1975 bis 1990 im Trockenabbau und seit 1992 bis 1993 unter Wasser mit einem Schwimmbagger. An geologischen Vorräten wären noch etwa 1500 Tonnen zu erwarten gewesen. Bei der Naßaufbereitung gewann man die verschiedenen Harz-

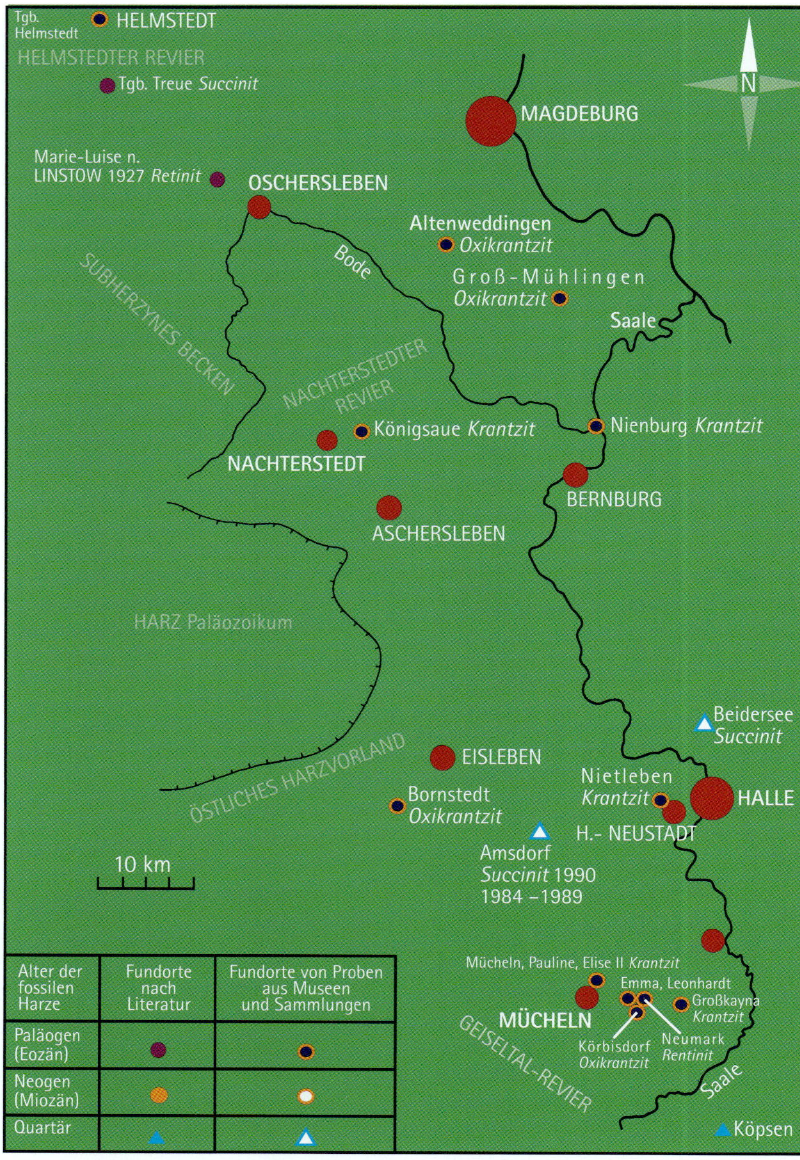

Verbreitung von Bernstein und anderen fossilen Harzen im mitteldeutschen Raum (nach KRUMBIEGEL & KOSMOWSKA-CERANOWICZ 1992). Westliches Fundgebiet

varianten durch Sieb- und Handverlesung in vier Größenklassen. Das gewonnene Bernsteinmaterial zeichnet sich durch Farbenvielfalt und hohe Materialqualität aus (KRUMBIEGEL 1991, 1995). Die Jahresausbeute lag zeitweise bei fast 13 000 kg/t.

Niedersachsen: 1986 wurden aus dem Mitteleozän des Braunschweiger Braunkohlentagebaues Helmstedt Funde autochthonen Bernsteins bekannt (VAHLDIEK 1986, 2001). Die fossilen Harze haben ein breites Farbenspektrum von weißlich gelb, gelbbraun, dunkel schwarzbraun, bis rot, blau und beige. Sie sind porös und sehr leicht.

Inklusen wurden bisher nicht beobachtet. Die Harze sind aber oft mit Baumrinde und „Affenhaar“ (pflanzlicher koagulierter Milchsaft) behaftet.

Als Mutterbaum der Harze wird u.a. die Gattung *Doliostrobus* (Fam. Araucariaceae) angesehen. Ein Beweis, daß sich das Material auf primärer Lagerstätte befindet, d. h. an seinem Entstehungsort liegen geblieben ist. Die Fundumstände sprechen dafür, daß der Bernstein in einem außerhalb des eigentlichen Moores gelegenen Hochwald auf trockenem Standort oberhalb des Grundwasserspiegels, gebildet wurde und mit den umstürzenden Bäumen auf den Boden gelangte. Die Holzsubstanz verrottete, die Harze wurden eingebettet und durch Absinken des Untergrundes vor weiterer Zerstörung bewahrt. Auch in dem semiterrestrischen Bruchwald der Moorgebiete, der sich an den Hochwald anschloß, gediehen bernsteinproduzierende Bäume. Während der Stillstandsphasen der Senkungen kam es zu zeitweiser

Aufarbeitung des Bodens und zu einer geringfügigen Umlagerung des Bernsteins.
Lausitz: Der Lausitzer Bernstein wurde im Gebiet östlich der Elbe (Hoyerswerda – Senftenberg – Cottbus – Bautzen – Görlitz) an relativ vielen Orten gefunden, hat aber nur Sammlerwert, d. h. wird nicht in wirtschaftlich interessanten, abbauwürdigen Mengen angetroffen (Kosmowska-Ceranowicz, Krumbiegel und Sauer 1993; Sauer 1996, 1997). Am häufigsten findet man Succinit in quartären Ablagerungen in den dortigen Braunkohlentagebauen (Abraum). Seltener tritt er in den Sedimenten des Tertiärs auf. Während das erstgenannte Material durch die pleistozäne Inlandvereisung umgelagerter Baltischer Bernstein ist, handelt es sich beim Bernstein aus den tertiären Schichten entweder um Retinite, Harze ohne Bernsteinsäure bzw. nur mit 0–3 % oder um Succinite, echte Harze mit Bernsteinsäure, die sich noch an ihrem Entstehungsort befinden.

Hier im Lausitzer Raum sind von besonderem Interesse vor allem der Glessit und seine verschiedenen Varianten (Krumbiegel und Kosmowska-Ceranowicz 1990, 1992; Krumbiegel 1993; Krumbiegel, Kosmowska-Ceranowicz und Vávra 1993). Bernsteinfunde aus dem Tertiär sind schon seit 1845 bekannt, solche aus dem Quartär noch viel länger, seit 1765. Glessit gibt es in den Farbvarianten schwarz bis schwarzbraun und orange. Er hat eine feinkörnige Struktur und weist z. T. Fließtexturen auf. Besonders attraktive Stücke fand man in den Tagebauen Lohsa/OL und Burghammer/OL. Die harzliefernden Ursprungspflanzen des Glessits sind Balsambaumgewächse (Burseraceae, Bedecktsamer). Zahlreiche archäologische Funde in der Lausitz weisen auf die prähistorische Verwendung der fossilen Harze als Schmuck hin.

D. Johann Friedrich Henkels,
Kön. Pohl. und Churfürstl. Sächs. Berg-Raths
Kleine
Minerologische
und
Chymische
Schriften,
Auf Gutbefinden des Herrn Autoris,
nebst einer Vorrede
von den
Bergwercks-Wissenschafften
zu Vermehrung der Cammeral-
Nutzungen,
und mit Anmerckungen herausgegeben,
von
Carl Friedrich Zimmermann.
Zweyte Auflage.
Dreßden und Leipzig,
bey Friedrich Hekel, 1756.

Titelseite der ersten wissenschaftlichen Veröffentlichung über den Sächsischen Bernstein bei Bad Schmiedeberg (Original in der Keferstein-Bibliothek der Hauptbibliothek der Franckeschen Stiftungen in Halle/Saale).
Foto: G. Krumbiegel

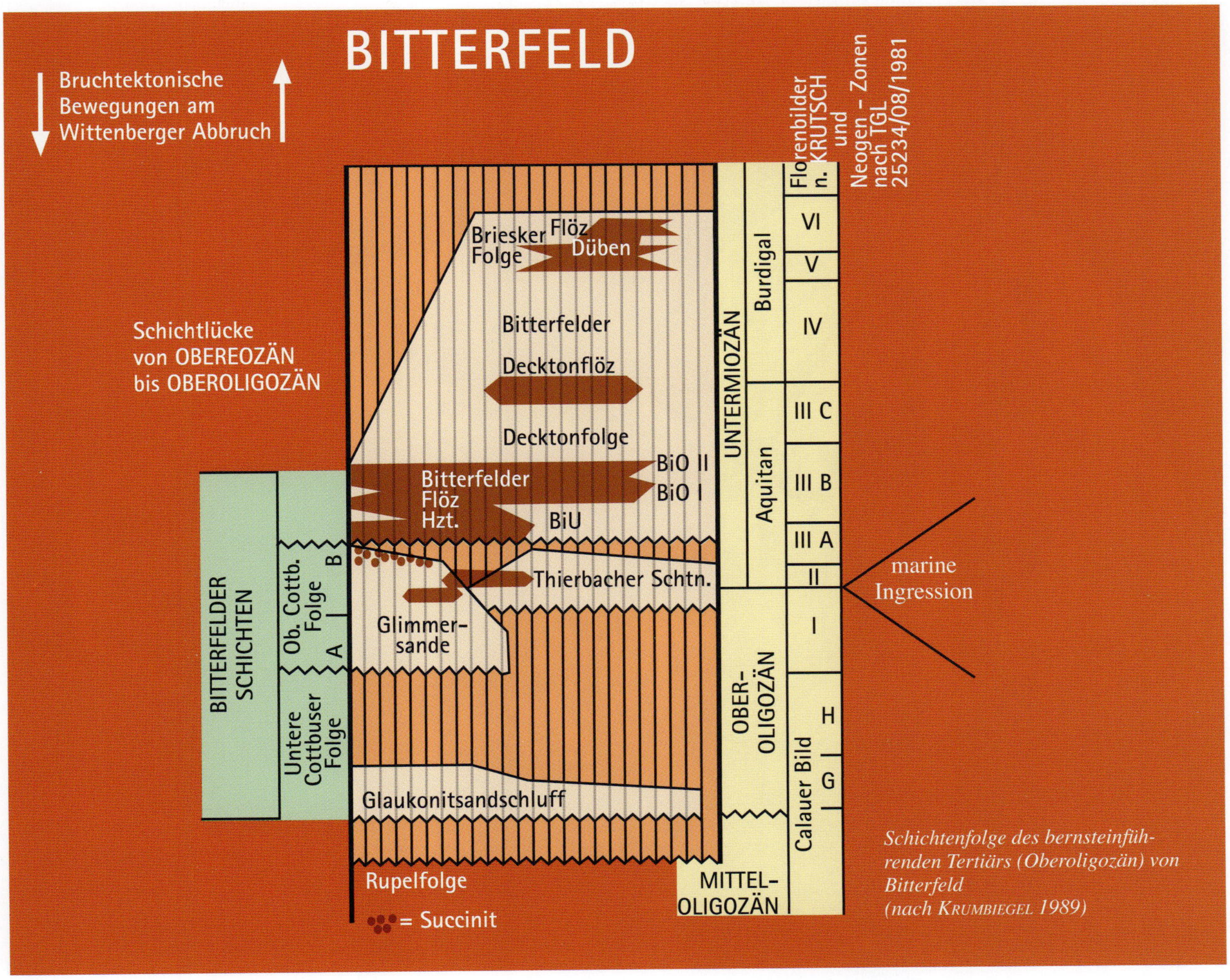

Schichtenfolge des bernsteinführenden Tertiärs (Oberoligozän) von Bitterfeld (nach Krumbiegel 1989)

Lausitzer Bernstein (Succinit): Lesematerial von den Kippen der Braunkohlentagebaue. Die Bernsteingerölle sind Baltischer Bernstein in quartären Deckgebirgsschichten (Pleistozän) der Braunkohle, umgelagert aus dem Baltikum während der Inlandvereisung. Größe der Gerölle: 2–3 cm. Foto: W. Sauer

Succinit (Pleistozän-Geschiebe) mit stark rissiger Verwitterungsrinde aus quartären Schichten der Lausitz (umgelagerter Baltischer Bernstein, stark kantengerundet). Breite: 11 cm; Gewicht: 208 g. Foto: G. Krumbiegel

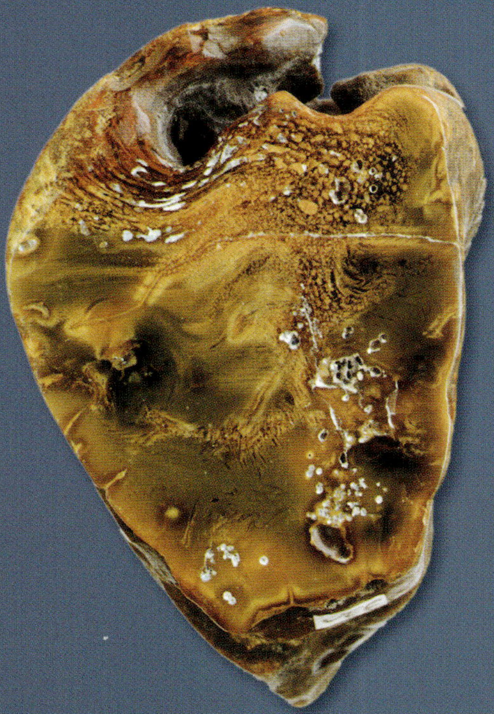

Rotbrauner tertiärer Glessit aus dem Miozän des Tagebaues Kleinkoschen/OL mit Fließtexturen. Höhe: 10 cm. Gewicht: 229 g. Foto: B. Klett

Schweiz

In der Schweiz sind aus dem oberen Paläozän (Alttertiär) sieben Bernsteinfundstellen bekannt. Die Vorkommen liegen verteilt auf eine NE-SW verlaufende Strecke von 150 km in Flyschsedimenten des Alpenrandes. Das Einbettungsmaterial des Bernseins ist der Erosionsschutt einer vor etwa 55 Millionen Jahren im Nordwesten liegenden Landmasse, von wo er im Zusammenhang mit der alpinen Gebirgsbildung in ein Meer, den Helvetischen Trog, durch Trübe- und Schlammströme eingeschwemmt wurde. Eine Fundstelle bei Münchenstein südlich von Basel wird als geologisch ältestes Bernsteinvorkommen der Schweiz dem Keuper (vor etwa 200 Millionen Jahren) zugeordnet. Hier finden sich fossile Harzreste zusammen mit fossilen Landpflanzen.

Die Größe der tertiären Harzstücke beträgt Millimeter bis zu 10 cm; ihre Farbe ist gelb oder trüb und rötlich verwitternd. Die Harze enthalten auch Inklusen verschiedener Insektengruppen (SOOM 1984). Das fossile Harz des Fundortes Zollhaus bei Plaffeien und Schwarzsee südöstlich Fribourg erhielt den Namen Plaffeiit (HEITZMANN 1989; STOLL 1999, 2000).

Bedeutsam sind auch archäologische Funde Baltischen Bernsteins an mehreren Stellen der Schweiz, z. B. bronzezeitliche durchlochte Schmuckperlen aus Seeufersiedlungen und Halsketten und Ohrgehänge aus eisenzeitlichen Gräbern im Tessin (HÖHNEISEN 1984). Diese Funde deuten auf den Nord-Süd-Bernsteinhandel über die Ostalpen auf der Julierstraße und dem Rhône-Weg hin.

Frankreich

In Fortsetzung der Flyschzone nach Südwesten sind zwei Harzfundstellen in Frankreich südlich des Genfer Sees bekannt, bei Allinges südlich Thonon und bei Corbière im Voirons-Gebiet. Sie wurden bereits um 1892 entdeckt. Bedeutende Fundpunkte fossiler Harze liegen im Cenoman (Oberkreide) am Rande des Pariser Beckens bei Durtál in NW-Frankreich und des Aquitanischen Beckens bei Fouras in SW-Frankreich. Sie liefern meist wolkig-trübe, seltener klar-gelbe Retinite mit hohem Pyritgehalt. Als Produzent dieser Harze gelten Araukarien (Gymnospermen). An schlecht erhaltenen tierischen Inklusen fand man bei Bezonnais 72 Arthropoden der Ordnungen Arachnida und Insecta. Pilzliche Inklusen gehören zu den Ascomyceten (Schlauchpilze) (SCHLÜTER 1978). Sie deuten auf ein gemäßigt-warmes bis subtropisches Klima hin. Es gab offene Gewässer, in die die Bäume das Harz ausschwitzten. Es sind ferner auffällig viele Räuber, Parasiten und Überparasiten in den Biozönosen erkennbar (SCHLÜTER 1983).

Weitere Harzvorkommen Frankreichs finden sich bei NEL 1997; GEIRNAERT 1998, 2000, 2002.

Österreich

Österreich besitzt 16 Fundstellen, in denen fossile Harze unterschiedlichen geologischen Alters entdeckt wurden. Die ältesten stammen aus der Trias (Karn, vor 225-231 Millionen Jahren), die jüngsten aus dem Jungtertiär (Pont-Obermiozän, vor 6-9 Millionen Jahren) (vgl. VÁVRA 1984, S. 11, Tab. 1 und VÁVRA 1997). Nomenklatur und Herkunft dieser quantitativ kleinen Harzvorkommen sind noch nicht eindeutig geklärt. So existieren zahlreiche Einzelnamen für die Harze, wie Rosthornit, Koeflachit, Jaulingit, Hartit, Copalin u. a. Es lassen sich nur schwer Verbindungen mit dem Baltischen Bernstein herstellen. Inklusenfunde sind ebenfalls selten und nur sehr bescheiden. Man fand Pilzhyphen von Dematiaceae und Reste von *Myrica*-(Gagel-)Früchten.

Besondere Bedeutung unter den Harzfundstellen hat Weitenau bei Golling im Land Salzburg erlangt (FISCHER 1982; SCHLEE 1984). Von 1979–1982 gewann man hier einige Zentner eines eigenartigen Bernsteins von dunkelbrauner Farbe, durch kohlige Substanzen auch schwarz gefärbt, sogar mit grünlicher und violetter Tönung. Das einbettende Sediment sind die Roßfeld-Schichten der Unterkreide (120–130 Millionen Jahre). Der Bernstein findet sich in eiförmigen Knollen von bis 10 cm Durchmesser mit ockerfarbener, stark rissiger Oberfläche. Die Risse sind metall- (Pyrit) und quarzgefüllt. Das Harzmaterial wurde ganz offensichtlich während der alpinen Orogenese, der Auffaltung der Alpen, durch Druck und Hitze stark beansprucht und in Mitleidenschaft gezogen. Trotzdem fand man sogar einige Insektenreste im Gollinger Bernstein (SCHLEE 1984). Eine eindrucksvolle Darstellung des Gollinger Bernsteins bietet das Museum „Haus der Natur“ in Salzburg.

Ungarn

SCHLEE (1990) nennt eine Bernsteinfundstelle bei Ajka 120 km südwestlich von Budapest, das Alter ist Oberkreide (80-90 Millionen Jahre). Das Harz, Ajkait genannt, ist klargelb und rötlich. Gut erhaltene kleine Insekten sind daraus bekannt. ZECHMEISTER und VRABELEY (1927) berichteten erstmals über den Fundpunkt.

In neuerer Zeit wurde das Vorkommen sehr umfassend von KÖRMENDY und NEUWALD (1997) sowie NEUWALD (2003, 2005) beschrieben. Es gibt sogar ein eigenes Bergbaumuseum (VASI und KOZMA 1997). Protoplasma-Untersuchungen an Pollen wurden bekannt durch KEDVES (2003).

Ajkait-Funde sind auch aus Frankreich bekannt geworden (KOSMOWSKA-CERANOWICZ 1991/1992, S. 42).

Tschechische Republik
(Böhmen und Mähren)

Dem Bernstein sehr ähnliche Harze sind aus Böhmen und Mähren bekannt. Weil sie sich erheblich vom Baltischen Bernstein unterscheiden, erhielten sie zunächst einen eigenen Namen. Er lautet Walchowit, nach dem ersten Fundort, der Gemeinde Walchow bei Boskovice in Mähren. Der Walchowit ist undurchsichtig und trübe-geschichtet; er ähnelt den Harzen aus dem Libanon, aus Frankreich und aus Japan. Gefunden wird er in Form wachsgelber großer Knollen in Kohletonen und Sandsteinen. Sein geologisches Alter ist Oberkreide (100 Millionen Jahre).

In dem nordböhmischen Braunkohlenbecken von Dux (Duchcov)-Brüx (Most) wurde 1874 von DOELTER erstmalig der Duxit als fossiles Harz aus Braunkohlenschichten der Emeran-Grube beschrieben. Seinen Namen erhielt er nach der damals deutschen Stadt im Egertal-Graben (Ohře) südlich des Erzgebirgsabbruches.

Duxit ist eine schwarzbraune z. T. rötliche Substanz mit harzigem Glanz und muscheligem Bruch, die in der Hartbraunkohle in linsenartigen Horizonten von 2–8 cm eingelagert ist. Manchmal bildet der Duxit irreguläre Nester. Heute findet man Duxit noch in Schichten bei Bilina und Vršany in Nordböhmen (KRUMBIEGEL 2002 a, b). Duxit ist hier an silifizierte Baumstämme und -stubben gebunden, die von der Art *Taxodium dubium* (Sumpfzypresse) stammen. Duxit bildet kleine Gänge und Linsen von 2 cm Größe und mehr. Entlang der Jahresringe sind feine Perlen aus Duxit angeordnet.

Duxitfundpunkt im Tagebau Bilina/ Nordböhmen-Tschechien (1994). Xylite von Taxodium dubium mit Duxit-Überzügen. Foto: Archiv Doly Bilina/CZ

Silifizierter Xylit mit perlschnurartig aufgereihtem rötlich-braunem Duxit zwischen den Jahresringen bei Taxodium dubium. Breite: etwa 15 cm. Foto: R. Rössler

Überzüge von rötlich-braunem und perlenförmigem Duxit auf Xylit. Breite: etwa 15 cm. Foto: R. Rössler

Infrarotspektrographische, chemische und gas- und massenspektrographische Untersuchungen durch Vávra, Bouška und Dvořak (1997) ergaben, daß Duxit heute nicht mehr als reines fossiles Harz angesprochen werden kann, sondern als ein Gemisch von gesättigten Kohlenwasserstoffen mit möglicherweise Harzen und Wachsen pflanzlichen Ursprungs (z. B. *Taxodium dubium*).

Die Kohlenwasserstoffe setzen sich wie folgt zusammen: C_{18} = trizyklisches Diterpan (24 %), Driman (3 %), C_{16} = bizyklisches Sesquiterpan (2 %), Labdan (6 %), Simonellit (2 %), Reten (5 %). Es sind Produkte der Diagenese von Terpenen, Bestandteilen des Harzes. Retene und Simonellite besitzen Duftstoffe (Aromatisation).

Duxit ist also, wie schon Paclt (1953) feststellte, bei harzigen Bitumeniten einzuordnen, trotzdem sollte man ihn zu den akzessorischen fossilen Harzen stellen.

Ukraine

Ukrainischer Bernstein wird im Donez-, Dnjepr- und Dnjestr-Gebiet in eozänen und jüngeren Sedimenten gefunden (s. S. 54). Eine erste Beschreibung lieferte Rogovich 1873. Nach Srebrodolski (1977, 1980) unterscheidet man drei Fundregionen: 1. die Dnjepr-Region (Kiew- und Charkov-Formation: Obereozän bis Unteroligozän), 2. die Lwow- (Lemberg-)Region und 3. die Ivano-Frankovsk-Region (Miozän bis Obertorton). Letztere liegt am Rande der osteuropäischen Plattform und der Karpatischen Vortiefe. In der 2. und 3. Region kommt Bernstein auch in jüngeren Sedimenten vor.

Die ukrainischen Bernsteinvorkommen setzen die Samlandregion Polens fort. Bei gemeinsamer Genese hatte der Ukrainische Bernstein aber längere Transportwege und eine andere Lithologie. Es bestehen auch deutliche Farbunterschiede. Charakteristisch ist die grünliche Schattierung des intensiv gelben Succinits, die dem Baltischen Bernstein fehlt. Verwitterungsrinden sind dunkel, fast schwarz wie verbrannt (Kosmowska-Ceranowicz 1984, Fig. 35).

Der ukrainische Succinit hat kaum Insekteneinschlüsse, dafür ist er reich an Koniferennadeln und anderen Pflanzenresten.

Vor einiger Zeit wurden in der Ukraine im Gebiet von Rowny bei Klesow Bernsteinansammlungen von industrieller Bedeutung entdeckt. Bereits im Mittelalter waren ukrainischen Juwelieren solche binnenländische Vorkommen bekannt (Koshil, Vasilishin und Panchenko 1993, 1997).

Rumänien

Fossile Harze aus Rumänien sind schon seit prähistorischen Zeiten bekannt aus den Ostkarpaten (vgl. S. 8). Nach der Eroberung Daciens im 1./2. Jahrhundert v. Chr. waren es die Römer, die Bernstein im Buzäuer Gebirge entdeckten. 1587 stattete König Mihnea die Kirche in Alunis (Gemeinde Colti) mit Bernsteinfragmenten aus. 1789 erfolgte eine Beschreibung durch Raicevich und später durch 21 weitere rumänische und ausländische Autoren (Ghiurca 1990; Ghiurca und Vávra 1990).

Detaillierte Übersicht über den Rumänit und Vergleiche mit dem Ostseebernstein vermitteln Kasper 1997, Ghiurca 1988, 1997; den Bernsteinabbau bei Colti beschreibt Wollmann 1997.

Der rumänische Bernstein erhielt zahlreiche Namen, wie Schraufit (hyazinthrote Varietät), Rumänit, Almachit (?), Muntenit, Delatinit, Sacholinit, Burmit. Er wurde bis heute von 50 Fundstellen in 40 Gemeinden bekannt. Sie liegen in der Mehrzahl im Alttertiär (Paläogen) der Ostkarpaten von der Bukovina im Norden bis zum Jalomita-Tal im Süden. Sporadisch finden sich Harze aber auch andernorts.

Außer unbedeutenden kretazischen, eozänen und neogenen Fundpunkten gehören die wichtigsten harzführenden Schichten ins Oligozän (Oberes Rupel bis frühes Chatt) des östlichen Karpatenflyschs des Vrancei- und Buzău-Gebirges in der Region Buzău und Ploiesti.

Die 0,2–1,4 m mächtigen, harzführenden Schichten liegen im Unteren Kliwa-Sandstein; die Harze kommen in Nestern vor. Allein 12 der 50 Bernsteinfundpunkte liegen im Distrikt Buzău und von diesen die größten bei Colti im Sibiciu-Tal. Die Harzstücke sind wenige mm bis zu 10 cm (Durchmesser 2–5 cm) groß. Die größten Proben wiegen 2–3 kg.

Das fossile Harz wurde nur gelegentlich in kleinen Pingen und Gruben abgebaut. Der Löwenanteil des Harzes wurde durch die Einheimischen nach heftigen Regenfällen in den holozänen Ablagerungen zahlreicher Flüsse und Bäche gesammelt, die tektonischen Spalten folgen, was wiederum die Erosion der bernsteinführenden Schichten in diesem Gebiet begünstigt. Die Farbpalette der Bernsteine ist breit. Sie reicht von honiggelb bis braunrot-gelb und rotbraun über rubinrot bis schwarz. Der größte Teil des Materials ist durchsichtig. Die größten Klumpen wiegen bis 2,5 kg, einer in Bukarest sogar 3,204 kg.

Wahrscheinlich steht die Bildung des Rumänits im Zusammenhang mit orogenetischen Bewegungen bei der alpinen Auffaltung des Karpatengebirges. Mit einher gingen offensichtlich Veränderungen der fossilen Harze durch Wärme und Druck. Rumänit besitzt nämlich häufig Sprünge und Risse. Er war früher ein gefragter Schmuckstein, den man auch zu Zigarettenspitzen und anderen Gebrauchs- und Luxusgegenständen verarbeitete.

Rumänit ist nicht nur von der Halbinsel Sachalin und als Delatinit aus den Ostkarpaten-Beskiden bekannt, er begleitet auch die fossilen Harze in Birma (Myanmar). Diese Harze heißen Burmit und haben ebenfalls Schmuckqualität (Chiurca und Vávra 1990, Kaunhowen 1928). An Inklusen fand man bisher einige Insekten, Flechten und Koniferennadeln.

Charakter und Sedimentationsstrukturen der harzführenden Schichten deuten auf eine deltaartige, lagunäre Umgebung unter subtropischen Klimabedingungen. Ausführlich über den Rumänit informiert das „Bernstein-Museum Colti" in Buzău (N. N. 1990).

Bulgarien

In Bulgarien gibt es mehrere Bernsteinfundpunkte, z. B. Lutibrod (Distrikt Mikhailovgrad), Vrabtcha, Nikolaevka (Distrikt Loweskoi), Dropla (Distrikt Burgas) (Kostov 1990). Der bulgarische Bernstein wird als Retinit bezeichnet; geologisch gehört er ins Apt bis Turon und ins Eozän. Die unterkretazischen Harzfundstellen liegen im Präbalkan (Nordbulgarien), die oberkretazischen und die Eozän-Vorkommen in der Balkan-Gebirgszone und bei Kraishtsidy in Zentralbulgarien.

Die Unterkreidefunde in Kohlen sind metamorphosierte Bernsteine, die oberkretazischen sind unveränderte Harze, die eozänen liegen auf sekundärer Lagerstätte. Die bulgarischen fossilen Harze bilden gemeinsam mit den oberkretazischen Bernsteinen im ehemaligen Jugoslawien und den eozän-oligozänen in Griechenland in-

Geographische Lage der bernsteinführenden Becken in der Ukraine. Markiert sind das Bassin von Pripjatsk (1, mit der Lagerstätte Klesow) und das Karpaten-Becken (2). (Nach Srebrodolski 1980)

Karte der Verbreitung von Ukrainischem Bernstein am Dnjestr, Dnjepr und im Donez-Gebiet (nach Srebrodolski 1978)

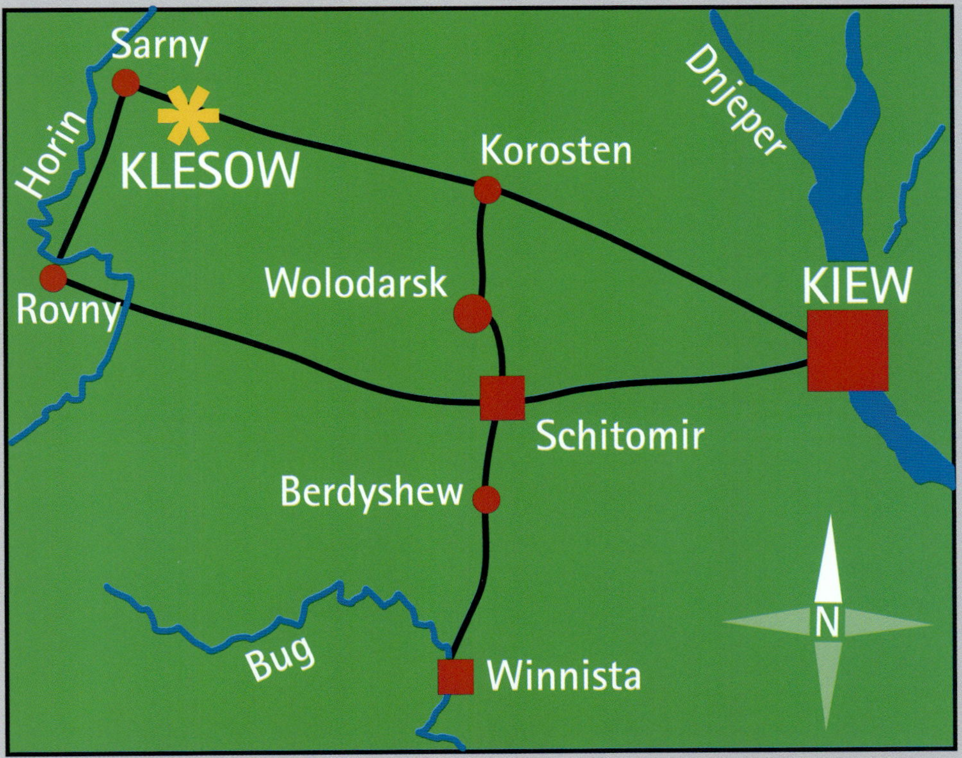

Die Lagerstätte Klesow, nahe Schitomir-Wolodarsk bei Kiew (nach Vassilishin *und* Pantschenko *1996)*

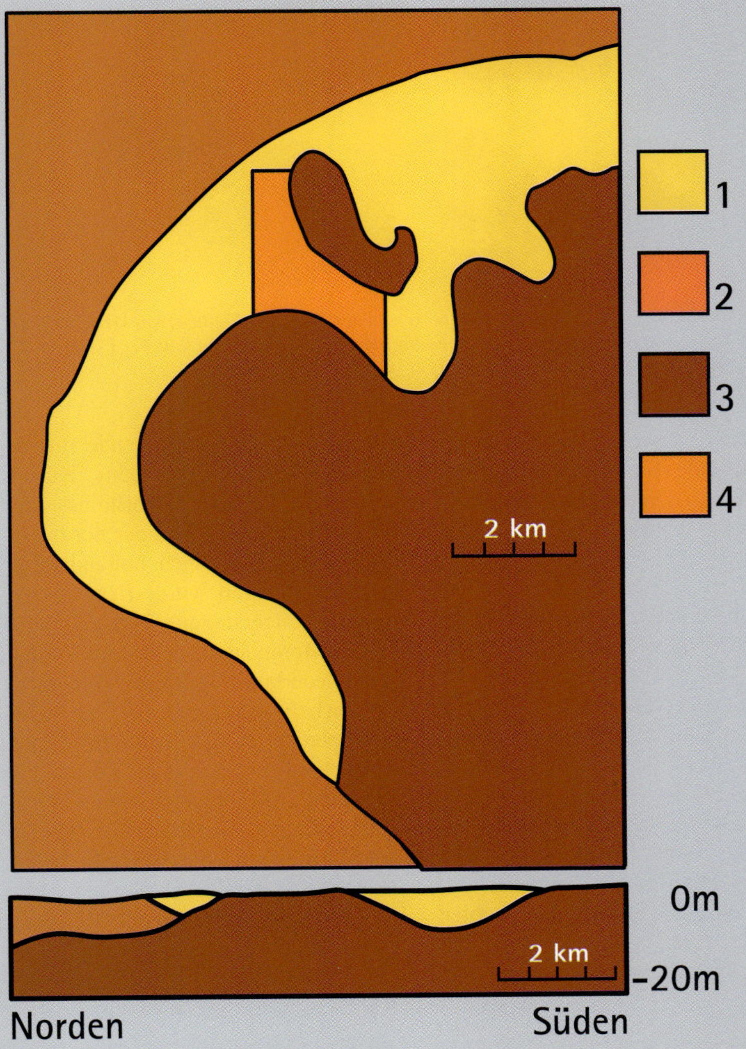

Schematische geologische Karte der bernsteinhöffigen Zone von Klesow. – 1: Sande der Oligozän-Folge von Charkow; 2: Sande der Eozän-Folge von Kiew; 3: Kristalline Gesteine des Osnizker Proterozoikum-Komplexes; 4: Ausdehnung der Bernsteinlagerstätte Klesow: Sande der Kiewer Schichtenfolge des Eozäns.
Diese Schichtenfolgen entsprechen folgenden Biotopgebieten:
1 – Schärenküste und Lagunen-Delta-Fazies
2 – offenes Meeresgebiet
3 – Wuchsgebiet der bernsteinträchtigen Floren und Abtragungsgebiet von Schottermaterial
4 – Bernsteinlagerstätte von Klesow (nach Vassilishin *und* Pantschenko *1996)*

nerhalb der eurasiatischen bernsteinführenden Provinz (Trofimow 1974) eine eigene Balkan-Unterprovinz neben der Karpaten-Unterprovimz

Italien

In Italien gibt es in den Apenninen, Dolomiten (Gianolla, Ragazzi und Roghi 1998) und auf der Insel Sizilien einige bemerkenswerte Harzfunde, die unter dem Namen Simetit bekannt wurden (Kohring und Schlüter 1989, 1992, 1998).

Der Name leitet sich ab vom Fundort, dem Simeto-Fluß. Die erste Erwähnung von Simetit findet sich in einer Stadtgeschichte von Catania aus dem Jahre 1639. Es ist aber möglich, daß schon die alten Griechen diesen Bernstein kannten. Theophrast (372–287 v. Chr.) beschreibt nämlich in seinem Mineralienbuch unter dem Namen „Lynkurion" ein rotgefärbtes Mineral, das später mit Simetit gleichgesetzt wurde.

Goethe rühmte auf seiner Italienreise 1787 die schöne Farbe des sizilianischen Bernsteins, die „bis zum schönsten Hyazinthrot hinansteigt". Offenbar besichtigte er die attraktive Simetit-Sammlung von Prinz Ignatius Biscari im Schloß zu Catania.

Im Rohzustand sieht Simetit schwarz aus, erst nach dem Polieren kommt die rote bis gelbe Farbe im Inneren zur Geltung. Gelegentlich beobachtet man eine violette bis hellblaue Fluoreszenz. Seit historischen Zeiten wurde Simetit daher zu Schmucksachen und anderen Gegenständen des Kunstgewerbes verarbeitet. Man trug ihn auch als Amulett gegen Krankheiten und gegen den „Bösen Blick".

Auf primärer Lagerstätte im Tertiär findet sich Simetit am Fuße der Berge bei Enna, dem früheren Castrogiovanni und in Caltanisetta im nördlichen Zentralsizilien. Viele der frühen Beschreibungen, z. B. Boccone 1697 und Sestini 1787 nennen die kleine Stadt Petralia als ersten Entdeckungsort von Simetit.

Namentlich nach heftigen Regenfällen gelangt er in die Alluvionen der Flüsse Simeto und Salso und von da ins Meer. Dort wird er vom Wasser an den Strand ausgeworfen. So kommt Simetit auf sekundärer Lagerstätte an zahlreichen Fundorten der Süd-, besonders aber an der Ostküste Siziliens von der Mündung des Simeto bis nach Catania vor. Der Simetit ist im Vergleich zum Baltischen und Dominikanischen Bernstein inklusenarm (vgl. Kohring und Schlüter 1989, 1992). Paläoökologisch spricht die Insektenfauna des Simetits für ein warmes Klima. Die Entomofauna des Simetits besteht neben einigen Spinnen und Milben aus folgenden Taxa: Collembola, Blattodea, Isoptera, Hemiptera und Diptera. Im allgemeinen dominieren die Gruppen der Hymenoptera und der Diptera (z. B. Ceratopogonidae) (Kohring 1998).

Der Simetit weist Ähnlichkeiten mit dem Bernstein von Chiapas (Mexiko) auf. Die Stammpflanzen des Simetits sind, wie man aus den Vorkommen von Walzenkäfern (Platypodidae) schließen darf, sehr wahrscheinlich Laubbäume gewesen. Auch einige Pflanzenfunde von Angiospermen (Bedecktsamern) deuten darauf hin (Helm und Conwentz 1886).

Spanien

Das bernsteinführende Vorkommen von Alava wurde von zwei Paläontologen, R. L. dell Valle und M. Carmona vom Museum der Naturwissenschaften in Vitoria, im Süden der Provinz Alava, 20 km von der Stadt Vitoria entdeckt, während Ausgrabungen in den südlichen Ausläufern der Sierra de Cantabria. Die Harzstücke sind sehr klein bis 1–2 cm. Sie enthalten zahlreiche gut erhaltene farbige Inklusen: Spinnen, Moskitos, Käfer, Fliegen, Wespen und Ameisen. Ihr Alter ist Unterkreide (112–97 Mill. Jahre). Die Funde werden international bearbeitet: Arillo (1997); Alonso, Corral und Lopez (1999); Alonso, Arillo, Barron et al. (2000).

Niederlande

Bernstein wurde in den Niederlanden hauptsächlich bei archäologischen Ausgrabungen entdeckt (Kars und Boon 1990). Nur Amateurgeologen und Sammler beschäftigen sich mit Bernstein (Faber 1961, Spronsen 1977).

Bei dem niederländischen Material handelt es sich meist um Baltischen Bernstein, der entweder durch das pleistozäne Inlandeis bzw. bei holozänen, postglazialen Gletscherabschmelzungen und durch nachfolgende marine Transgressionen an den Küsten Jütlands, Schleswig-Holsteins, der Ostküste Englands und der nordwestlichen und westlichen holländischen Küste abgelagert wurde (tertiäre und quartäre Lagerstätten). Bernstein wird in den Moränensedimenten im Norden der Niederlande gefunden. Außerdem spülen heftige Stürme große Bernsteinklumpen an die holländische Küste. Autochthoner Bernstein kommt in miozänen und pliozänen Braunkohlenablagerungen Nordhollands (Drente und Daarbuiten) vor (Huisman 1977). Aus diesen Schichten wurden Mitte des 19. Jahrhunderts mehr als 20 kg Bernstein bekannt.

Sizilianischer Bernstein oder Simetit, Lesestücke von der Küste bei Catania. Mit Verwitterungsrinde erscheint Simetit schwärzlich rot, angeschliffen durchscheinend rot. Stücke: 1–1,5 cm Durchmesser. Foto: G. Krumbiegel / M. Meise

Dänemark

Ein weiteres europäisches Bernsteinland ist Dänemark. Das dänische Wort für Bernstein ist „rav", ausgesprochen „rau". Dieser Ausdruck gehört zur friesisch-skandinavischen Wortsippe (KRAUSE 2003). Bernstein als Strandgut gehört seit 1626 der Krone und wurde erst ab 1682 an Grundbesitzer verpachtet. Erst seit 1871 kann in Dänemark jedermann ungehindert Bernstein sammeln.

In Dänemark sind Bernsteinartefakte sehr häufig, z. B. der Perlenfund (13.000 Perlen) 1940 in Mollerup auf Mors aus der Zeit vor 4000 bis 2800 v. Chr. Diese und andere Stücke sind im Nationalmuseum Kopenhagen und in den Museen in Esbjerg und Oksbøl ausgestellt (KRUMBIEGEL und KRUMBIEGEL 2001). Die Bernsteinküste von Dänemark ist die Westküste Jütlands und der Norden Jütlands zwischen Hanstholm – Klittmøller – Vorupør sowie die Strände von Agger Tange und westlich Ringkøbing (vgl. weitere Fundpunkte bei FABER und PLOUG 1998). Auch an der Küste von Fanø wird reichlich Bernstein angespült. Daneben gibt es im Binnenland sog. Erdbernstein in glazialen Ablagerungen und in Braunkohlenlagern in Mittel- und Westjütland. Bekannt aus Dänemark sind große Klumpen (10478 g, 4500 g, 3800 g u.a.) (s. S. 27). Der Hauptanteil an verschiedensten Inklusen sind Insekten und Spinnen (KRAUSE 2003, S. 7–9). Einmalig ist im Museum Oksbøl das Lebensbild des „Bernsteinwaldes" des zeitgenössischen dänischen Malers OTTO FRELLO (WEITSCHAT und WICHARD 2002; s. S. 88 und 91).

Der Bernstein wurde in Dänemark sedimentiert durch Eisverfrachtung aus dem Baltikum zunächst nach Süden und dann durch Wassertransport nach Nordwesten.

Asien

Rußland und Weißrußland

Außer den schon genannten Bernsteinvorkommen des Baltikums und der Ukraine liegen bedeutende Harzvorkommen in Nord- und Ostsibirien (Jakutien) (ZHERICHIN und SUKATSCHEWA 1974), auf Sachalin, in der Brest-Podlasischen Senke und am Ural.

Die nordsibirischen Vorkommen (acht Fundstellen) erstrecken sich über Tausende von Kilometern entlang der Eismeerküste, wobei die Tajmyr-Halbinsel (Gebiet des Flusses Jenissei und bei Chatanga) und Jakutien die wissenschaftlich interessantesten und größten Regionen sind. Das geologische Alter dieser Vorkommen ist Kreide (Alb bis Santon; 80–105 Millionen Jahre).

Die einheimische Bevölkerung kannte den Bernstein schon lange. Er wurde als Weihrauch benutzt und gelegentlich als Schmuck. Auch Orts- und Gebirgsnamen weisen auf den Bernstein hin, z. B. Jantardach = Bernsteinberge, Jantar = Bernstein. Eine Zusammenstellung der historischen Kenntnisse über den sibirischen Bernstein bis in die Mitte des 18. Jahrhunderts zurück, gibt MIDDENDORF (1881).

Nicht Farben noch Transparenz oder Morphologie unterscheiden die fossilen Harze der Tajmyr-Region von den baltischen Succiniten, sondern ihre Zerbrechlichkeit, die sie für Schmuckzwecke ungeeignet macht.

Im Chatanga-Distrikt gibt es vier Harzgruppen: Gedanit, Retinit (Typ Jantardach = Bernsteingebirge), Retinit (Typ Begitchev) und Walchowit-ähnliche Harze. Sie finden wegen ihrer niedrigen Schmelzpunkte in der Lack- und Chemischen Industrie Verwendung (SOKOLOVA 1990). Die ostsibirischen Vorkommen liegen an der Ostküste der Halbinsel Kamtschatka und sind ebenfalls kreidezeitlich. Dagegen sind die Vorkommen im Süden Sachalins und bei Primorje tertiären Alters. Sie haben geringe Mengen Harze geliefert. Im Zentrum der Brest-Podlasischen Senke wurden sehr große Ansammlungen bernsteinähnlicher fossiler Harze in holozänen (nacheiszeitlichen) Ablagerungen und in Niedermooren des Tertiärs entdeckt. Der Bernstein findet sich in einem Gürtel von Brest-Kobryn bis Mikashevitse-Zhytovice in grobkörnigen Sanden und Siltsedimenten, besonders im Quellgebiet des Pripjet und seiner Nebenflüsse sowie in deren Sumpfgebieten. Der Bjelorussische Bernstein (Belarus, Weißrußland) ist sehr formenreich, und die Stücke sind 4–5 cm groß. Seine Farben sind hellorange bis rotbraun. Er hat bis 2 mm dicke, braunrote Verwitterungskrusten (BOGDASAROV 1990).

Oberkretazische Bernsteinfundstellen gibt es dann noch im Südwesten Rußlands in Transkaukasien (Armenien und Aserbeidschan), im Niederen Kaukasus zwischen Akstafa und dem Arak-Fluß und in Kasachstan. Alle diese Vorkommen führen sehr inklusenreiche Bernsteine (ZHERICHIN und SUKATSCHEVA 1973; SCHLEE 1978).

Von besonderer Bedeutung sind Bernsteinfunde in quartären Sedimenten Weißrußlands (BOGDASAROV, A.A. und M.A. und ASHGIREVITSCH und URJEV 1997).

Mineralische Besonderheiten des Bernsteins wurden an archäologischen Funden Weißrußlands beobachtet (BOGDASAROV, A.A. und M.A. 1997).

Vorderer Orient

Libanon

Der Libanon besitzt primäre und sekundäre Bernsteinlagerstätten in der Unterkreide (Gres de Base; Neokom bis Apt-Abfolge; 130 bis 135 Millionen Jahre) im Libanon-Antilibanon- und Hermon-Gebirge südöstlich Beirut. Neuerdings wurden Harzfunde auch aus dem mittleren Jura (ca. 160 Millionen Jahre) bekannt (BANDEL in SCHLEE 1990).

Die Fundstellen des Libanons bieten die geologisch ältesten Mengenvorkommen an Bernstein mit Inklusen. Auf ihre Bedeutung für die Paläontologie wiesen als erste RUSSEGGER (1836) und O. FRAAS (1878) und dann W. HENNIG (1967) erneut hin; sie informieren über die frühen Entwicklungsstadien verschiedener Insektengruppen (vgl. auch BORKENT (2000) (Diptera:Ceratopogonidae)). Die primären Harze sind an Kohlebildungen (Lignite) in kontinentalen Senkungsgebieten gebunden. Der Bernstein hat verschiedene Gelbtöne, kann aber auch rot und bläulich, ja sogar durch Hitzeeinwirkung – schwarz aussehen. Es überwiegen klare, bestenfalls leicht getrübte, flomige Stücke; z. T. sind sie achatartig gebändert. Der Bruch ist muschelig und glasglänzend. Häufig treten Risse und Spalten auf, als Folge starker Druckeinwirkung bei der Gebirgsbildung (DIETRICH 1975; SCHLEE 1978).

Bei den sekundären Lagerstätten handelt es sich genetisch um Bernsteinseifen, deren Bernstein z. T. durch Wassertransport aufgearbeitet und während des Transports nach der Größe sortiert wurde. Für mehrere Lagerstätten wurden bisher nur Araukarien als Harzlieferanten nachgewiesen. Von besonderer Bedeutung ist der Fund einer zweiteiligen „modernen" Vogelfeder (STEINERT 1975).

Eine intensive Gewinnung des Bernsteins ist gegenwärtig nicht bekannt; im 19. Jahrhundert verwendeten ihn die Einwohner zum Räuchern ihrer

Zimmer. Eine umfassende Darstellung der Probleme des libanesischen Bernsteins vermitteln AZAR und NEL (1998) sowie POINAR und MILKI (2001).
Die Bernsteine des Libanons, Jordaniens und Israels werden auch zusammengefaßt als „Levantinischer Bernstein" bezeichnet (NISSENBAUM und HORROWITZ (1992).

Jordanien
In Jordanien sind nördlich Amman im Wadi Zerka harzführende Gesteine aufgeschlossen, die ansehnliche, bis 10 cm große Bernsteinstücke von gelber bis roter Farbe aus Schichten der Unterkreide (120 Millionen Jahre) geliefert haben (BANDEL und VÁVRA 1981; BANDEL und ABDALLAH 1981). Die lagenweise in siltischen und sandigen Sedimenten angereicherten Harze stammen vermutlich von einer *Agathis*-ähnlichen Gattung der Araucariaceen.
Es handelt sich hier um Ablagerungen eines Küstenwaldes am Randsaum des Arabisch-Afrikanischen Kontinentes, dessen Waldboden durch wiederholte Meeresvorstöße aufgearbeitet wurde, wobei die herausgewaschenen Harze nach mehr oder weniger langem Aufenthalt im marinen Milieu schließlich nahe ihres Entstehungsortes wieder im Sediment abgelagert wurden.
Der Bernstein hat Ähnlichkeit mit dem des Unterkreide-Vorkommens von Golling in Österreich.

Israel
Die Bernsteinvorkommen Israels bilden die Fortsetzung der libanesischen nach Süden. Sie liegen an den Südhängen des Berges Hermon und an den Abhängen des Naftali-Gebirges bei Qiryat Shermona in Nordisrael. Im südlichen Israel wurden Bernsteinfunde aus Bohrungen bei Kokkar und Barboor (Unterkreide) bekannt. Ihre Farbe ist cognacartig, gelb bis honigfarben und dunkelbraun, ihre Form tropfen- und knollenförmig. An Einschlüssen wurden Pilzreste (Phycomycetes) bekannt (TING und NISSENBAUM 1986).

Ostasien

Myanmar (Birma)
Obwohl bernsteinführende Horizonte bei Mogaung und im Hukawng-Tal im nördlichen Myanmar schon seit Jahrhunderten bekannt sind, wurden die Harze erst 1892 beschrieben. HELM (1893) gab den burmesischen Harzen den Namen Burmit. Eine moderne Bearbeitung erfolgte erst durch CRUICKSHANK und KO KO (2003). Die Harze finden sich in weichen blauen, z. T. braungefärbten Tonen des Tertiärs (Eozän). Aufgrund einer 42 Arten umfassenden Arthropodenfauna weiß man, daß Burmit heute kreidezeitliches Alter hat (Turon-Cenoman). Diese Altersbestimmung ist auch signifikant für das Alter der Insekteninklusen. Es kommen die ältesten bekannten Ameisen vor.
Die bernsteinführenden Sedimente wurden in küstennahen, marinen Regionen, wie Buchten und Ästuarien, abgelagert. Der Bernstein wird in einer feinstklastischen Fazies gefunden. Als scheibenförmige Bruchstücke, parallel der Schichtung ist das Harz gelagert. Es treten nur wenige stalaktitenförmige Rinnen auf, in denen das Harz entlang geflossen ist. Ein weiteres Harzvorkommen liegt 90 km SW von Noije Bum (Hukawng) bei Nam Sakhaw.
Der Burmit ist sehr inklusenreich. Die Inklusen wurden durch COCKERELL von 1916–1922 und ZHERIKHIN 1978 bearbeitet. Eine umfangreiche Sammlung befindet sich heute im Natural History Museum in London (RASNITSYN 1996; ZHERIKHIN und ROSS 2000). Pflanzenfunde wurden nicht bekannt.
In früheren Jahrzehnten wurden die bernsteinführenden Schichten in über 800 Minen abgebaut und der Bernstein durch Aufsammeln gewonnen. Die Jahresproduktion soll bis 4,5 Tonnen erreicht haben. Zur Zeit ruht die Bernsteinförderung.
Burmit fand hauptsächlich bei der Schmuckherstellung Verwendung. Man stellte daraus z. B. Halsketten mit Bernsteinkugeln von 5 mm Durchmesser her. Das Material läßt sich auch gut schnitzen und drechseln (SCHLEE 1978).

China
In den Kohlevorkommen von Fushun (Liaoning-Provinz) und von Fuzhou (Fujian-Provinz), etwa 600 km nordöstlich von Peking, kommt alttertiärer Bernstein in Kohleflözen der Guchenzgi-Formation (Eozän) vor. Er ist möglicherweise unter den Namen „Chinesischer", „Mongolischer" oder „Mandschurischer Bernstein" im Schmuckhandel bekannt.
Das selten klargelb gefärbte, meist dunkelbraune Harz enthält zahlreiche Pflanzen (Gymnospermen und Angiospermen) und Insekteneinschlüsse (HONG 1991; HONG u. a. 1974).
Die Struktur der Harze deutet eine thermische Beeinflussung durch das umgebende Gestein an. Die bernsteinführenden Kohleschichten bilden eine Wechsellagerung mit Schiefern und Sandsteinen; sie wurden unter subtropischen Klimabedingungen abgelagert.

Indonesien – Malaysia
Indonesien lieferte geringe Mengen insektenführender Harze aus dem Miozän und aus Schichten an der Miozän-Pliozän-Grenze, in marinen Sedimenten Javas und Sumatras (BRACKMANN u. a. 1984) sowie von der Insel Luzon der Philippinen. Der Bernstein wurde auf Felsen entlang von Flüssen gefunden.
Aufsehenerregende Riesenbernsteine, sogenannten Dammar-Bernstein, entdeckte man 1987 bis 1991 bei der Erschließung einer unter- bis mittelmiozänen (20 Millionen Jahre) Kohlelagerstätte im tropischen Regenwald auf der Insel Borneo (Kalimantan), im Zentrum Sarawaks zwischen der Stadt Kapit und den Stromschnellen des Rajang-Flusses bei Belaga im sogenannten Merit Pila Coal Field (HILLMER, WEISCHAT und VÁVRA 1992; HILLMER, VOIGT und WEITSCHAT 1992; SCHLEE, PHEN HOCK CHAN u.a. 1992; KOSMOWSKA-CERANOWICZ 1994, 1999).
Es handelt sich um eine primäre Bernsteinlagerstätte größten Ausmaßes, wobei das Harzmaterial von ungewöhnlicher lithologischer Beschaffenheit ist. Die Ablagerungen (Matt- und Glanzkohlen, Sandsteine, Konglomerate, Ton- und Siltsteine) entstanden in einem kontinental-fluviatilen Sedimentationsmilieu.
Der meist bräunliche und undurchsichtige Bernstein hat keine Verwitterungsrinde. In Scheiben unter 0,5 cm Dicke wird er transparent und zeigt violette bis rosa Farbtöne. Ferner weist er Strukturen auf, die auf Druck- und Temperaturbeanspruchungen hindeuten, wie man sie auch für den Bernstein von Golling in Österreich und Fushun (China) vermutet. Er tritt schichtparallel in der Kohle und in brotlaibförmigen Gebilden auf.
An tierischen Inklusen wurden bisher vorwiegend kleine Objekte bekannt: Tausendfüßer, Hundertfüßer, Spinnentiere und Insekten (Termiten,

Schaben, Käfer, Haut-, Fransenflügler, Wanzen, Mücken und Fliegen). Als Harzlieferanten kommen mit hoher Wahrscheinlichkeit Dipterocarpaceen (Zweiflügelfruchtgewächse) in Frage. Eine IRS-Untersuchung des Borneo-Harzes durch Kosmowska-Ceranowicz 1994 spricht für ein Harz der Glessit-Gruppe (Krumbiegel und Kosmowska-Ceranowicz 2004).

Japan

Bernsteinfunde in Japan sind schon aus dem 19. Jahrhundert bekannt (Helm 1891). Eine moderne Übersicht der bedeutendsten Fundstellen auf den japanischen Inseln, von der Nordinsel Hokkaido bis zur Südinsel Kyushu, gibt Schlee 1984 und 1990. Der weiten räumlichen Ausdehnung der Vorkommen über 1800 km entspricht die stratigraphische Verbreitung des Bernsteins vom Jungtertiär über das Alttertiär und die Oberkreide bis in die Unterkreide vor etwa 110 Millionen Jahren. Er tritt auf sowohl in abbauwürdigen Mengen als auch in wissenschaftlich interessanten großen Stücken mit besonderen Strukturen.

Das bedeutendste Bernsteinvorkommen Japans liegt auf der Hauptinsel Honshu um die Stadt Kuji. Hier enthalten Schichten der Oberkreide (Coniac; 85 Millionen Jahre) erhebliche Mengen fossiler Harze, die sich auch für die Schmuckherstellung eignen. Die Gesamtförderung in 20 Minen betrug zeitweise 350 Tonnen pro Jahr. Man fand einen Riesenbrocken von 16 kg und 47 x 50 x 34 cm Größe, der sich jetzt im National Science Museum in Tokio befindet. 1905 tauchte sogar ein ca. 60 kg großer Riesenbernstein auf. Inklusen bietet das schnell und in großer Menge ausgeflossene Harz nicht. Der Kuji-Bernstein ist leicht getrübt und orange-gelb-bräunlich. Häufig sind „achatartig-gebänderte" Stücke, andere sehen klar-schwarz-braun aus und haben eine elfenbeinartige Kruste. Erdbeben bzw. Gebirgsdruck haben viele Bernsteinbrocken stark zerbrochen. In die Risse drangen Quarzlösungen ein. Am Anfang des 20. Jahrhunderts wurde der Bernstein industriell oder handwerklich abgebaut. Zahlreiche archäologische Funde lassen eine „Bernsteinstraße" von Norden nach Süden vermuten. Die Geschichte und Verarbeitung des Kuji-Bernsteins ist in einer Ausstellung des „Amber Pavilion Kuji-Kohaku" anschaulich dargestellt.

Der Kuji-Bernstein führt auch Inklusen, die bereits 1896 entdeckt wurden. Bisher liegen etwa 400 Stücke vor. Es wurden Käfer, Schaben, Rindenläuse, Wanzen, Tanzfliegen und Zuckmükken beobachtet.

Der geologisch älteste Bernstein Japans ist der von Choshi etwa 100 km östlich von Tokio. Er lagert in Gesteinsschichten der Unterkreide (Unterapt; 100 Millionen Jahre). Die Fundstellen an der Küste des Pazifischen Ozeans verteilen sich auf eine 3 km lange Strecke. Der Bernstein wird durch die Wellen am Strand ausgewaschen, aber auch in einem kleinen Steinbruch gewonnen.

Der Choshi-Bernstein besitzt eine große Variabilität in Hinblick auf Farbe und Struktur. Es gibt dunkle, ocker- bis dunkelbraune Stücke, aber ebenso klare, gelbe bis hellgelbe Stücke mit bläulichem Oberflächenhauch. Ein Großstück von 26 x 28 x 13 cm stammt aus dem Jahre 1989.

Neben den beschriebenen Fundpunkten gibt es in Japan noch eine Vielzahl weiterer interessanter und wichtiger Bernsteinfundstellen, die aber aus Platzmangel hier nur namentlich genannt werden können: Kohlegruben auf Hokkaido (Kleinfunde), Iwaki, Hachioji, Mizunami (Pleistozän-Bernstein mit Inklusen), Kobe, Yoshinagacho (Higashihata), Shodo, Ube, Insel Kyushu.

Libanon-Bernstein, matt-ockerfarben und achatartig gebändert, aus dem Südlibanon. Durchmesser: etwa 4 cm. Foto: G. Krumbiegel

Australien und Neuseeland

Die fossilen Harze Australiens und Neuseelands werden in zwei Kategorien eingeteilt, abhängig von ihrer Form und ihrem Verhältnis zu den Kohleablagerungen: 1. in die Kohlematrix eingeschlossene und 2. nicht eingeschlossene Harze. Letztere treten als Klumpen oder Harzpartikel in den Kohleflözen auf. Sie können durch Süß- oder Salzwasser in den Boden oder in Sandstein- oder Kalksteinablagerungen umgelagert werden. Sie werden kommerziell für die Erzeugung von Linoleum, Lacken, Firnis u.a. genutzt (Poinar 1991, S. 144–146).

Gegenwärtig sind aus Kohlegruben Bernsteinfunde bekannt. Diese fossilen Harze stammen hauptsächlich aus dem Tertiär (Miozän und Eozän; 20–60 Millionen Jahre), teilweise sogar aus der Oberkreide (70–100 Millionen Jahre). Aufgrund chemisch-physikalischer Untersuchungen (Lampert, Johnson, Poinar und Frye 1993) nahm man als Harzproduzenten die Kaurifichte (*Agathis australis*, Araucariaceae) an. Auch zugehörige fossile Holzreste sprechen für diese Vermutung. Als Besonderheit wurden mehrere große Brocken beobachtet von 1,5 und 3 kg Gewicht. Das Harz weist z. T. eine achatartige Bänderung auf, auch gibt es ganz klare Brocken. Das beschriebene Material befindet sich im Canterbury Museum in Christchurch (Evans 1934).

Geographische Verbreitung der Fundpunkte und Alter der fossilen Harze in Neuseeland (nach Poinar 1991; Entwurf: Krumbiegel)

Fundorte und Alter fossiler Harze in Neuseeland und Australien (nach Poinar 1991) Entwurf Krumbiegel (2004)

Alter	Neuseeland
Kreide	Kaitangata, Südinsel
	Morgan Kohlefeld, Greymouth
	Dunollie Kohlefeld, Greymouth
Eozän	Huntly Kohlefeld, North Waikato
	Hikurangi Kohlefeld, Nordinsel
	Motupipi Kohlefeld, Nelsen
	Garvey Greek Kohlefeld, Westküste
	Kawakawa Kohlefeld, Nordinsel
	Rotowaro Kohlefeld, North Waikato
	Hanua Kohlefeld, South Auckland
Oligozän	Chatton Formation Eastern Southland
	Coalfield, Südinsel
Miozän	Roxburgh Kohlefeld, Otago
	Waimumu lignite Measures, Südinsel
	Mataura Kohlefeld, Südinsel
	Mokau Kohlefeld, Taranaki
Pliozän	Fletcher Creek, Rotokoku, Westküste
Pleistozän	Trig Road, Houhora, Nordinsel
	Baylys Beach, Nordinsel
	Kaimaumau, Nordinsel
	Lake Ohia, Nordinsel

Alter	Australien
Kreide	Wonthaggi, Victoria
	Cape Patterson, Victoria
Eozän	Traralgon Formation, Victoria
	Ostaustralien (Glessit-Vorkommen)
Oligozän	Morwell Formation, Victoria
Miozän	Yallourn Formation, Victoria
Pliozän	–
Pleistozän	–

Dominikanischer Bernstein, gelb-durchsichtig und braun-durchsichtig, verarbeitet zu Kettenanhängern. (Höhe der Stücke: 5,5 und 4 cm). Foto: G. KRUMBIEGEL

Amerika

Mittelamerika

Dominikanische Republik: Der Dominikanische Bernstein, der „Überraschendste", wurde zur Sensation des 20. Jahrhunderts und reicht in seiner wissenschaftlichen Bedeutung an die des Baltischen Bernsteins heran. Begründet ist das durch die Menge und Qualität, insbesondere durch die extremen Farbvarianten (vgl. Abb. S. 19) und die Fülle der vorzüglich erhaltenen Inklusen mannigfaltigster Art. Zentrum der wissenschaftlichen Forschung und Material- bzw. Sammlungsarchiv ist heute in Deutschland das Staatliche Museum für Naturkunde (Löwentormuseum) in Stuttgart (SCHLEE 1980, 1984, 1990; SCHLEE und GLÖCKNER 1978).

Die besondere Wertschätzung des Dominikanischen Bernsteins veranlaßte die Regierung in Santo Domingo am 5. Juni 1987 zu einem Dekret, das die Ausfuhr von Bernsteininklusen ohne Genehmigung durch das Nationalmuseum für Naturgeschichte verbietet (BALAGUER 1987). Seit 1982 gibt es im Ladengeschäft von A. COSTA in Puerto Plata eine informative Bernsteinausstellung, die als „Museo del ámbar" bezeichnet wird (SCHLEE 1990).

Heimat des Dominikanischen Bernsteins sind die Großen Antillen, genauer die Karibik-Insel Hispaniola zwischen Kuba und Puerto Rico. Die Fundstellen befinden sich in der tertiären Nordkordillere zwischen Santiago und der Nordküste der Insel (Puerto Plata). Das bernsteinträchtige Gebiet erstreckt sich über mehr als 1000 km². Geschürft wird in Gruben, Schächten und Stollen von Minenarbeitern und Bernsteinsuchern im Handbetrieb. Die Produktion aller Gruben beläuft sich auf 2–5 Tonnen pro Jahr. Das größte Minengebiet ist „Palo Alto" mit ca. 12 kg Bernstein pro Tag.

Das geologische Alter der bernsteinführenden Schichten ist Oligozän bis Untermiozän, die ältesten Horizonte reichen bis ins Mitteleozän. Die bernsteinführenden Gesteine sind feinkörnige, feste, blaugraue Sandsteine, durchzogen von feinkörnigen, glimmer- und kohlehaltigen, geschichteten Grauwacken. Der Bernstein ist fest in diesem Gestein eingeschlossen.

Der Dominikanische Bernstein weist zahlreiche Farb- und Strukturvarianten auf. Im Gegensatz zum Baltischen Bernstein ist er mehr „ockergelb". Er zeigt oft einen kräftigen und ziemlich gleichmäßig verteilten Grünton und noch dazu einen in Richtung Ocker gehenden Braunton. Besonders attraktiv sind blaue (s.S. 19, 20), rote und schwarze Varianten. Der Platz reicht hier nicht aus, um die bezaubernde Vielfalt dieses Harzes im einzelnen darzustellen (SCHLEE 1980, 1984, 1990). Als Harzlieferanten gelten aufgrund der vegetativen Strukturen im Harz *Hymenaea protera* POINAR und *Hymenaea verrucosa* POINAR, die sog. „Heuschreckenbäume", Hülsenfrüchtler (Leguminosae) (POINAR 1991 und 1992).

Die vielfältige Bedeutung des Dominikanischen Bernsteins beruht im wesentlichen auf drei Faktoren:

- Er ist wegen seiner vielen naturklaren Stücke als Schmuckstein besonders ergiebig,
- er übertrifft an Farbenvielfalt bei weitem alle anderen fossilen Harze,
- er ist einer der fossilreichsten Bernsteine sowohl in Hinblick auf pflanzliche als auch tierische Klein- und Großorganismen.

Der Dominikanische Bernstein ist **die** Fossilfalle des Tertiärs überhaupt, denn er lieferte Tiergruppen, die fossil aus Bernstein bisher noch nicht bekannt waren (vgl. Abb. S. 62).

Eines der weltweit größten Museen, in dem heute der Dominikanische Bernstein gezeigt und bearbeitet wird, ist das „Museo Mundo de Ambar" (Am-

Aufsicht auf Blüte und Staubgefäße von Prioria (Familie Leguminosae) in Dominikanischem Bernstein, mit erkennbarem Zell- und Drüsengewebe (etwa 9 mm Durchmesser). Foto: R. M. Meyer

Ein Skorpion (Ordnung Scorpionida) Centruroides beynai (?), mit deutlich erkennbarem Giftapparat (etwa 1 cm) in Dominikanischem Bernstein. Foto: R. M. Meyer

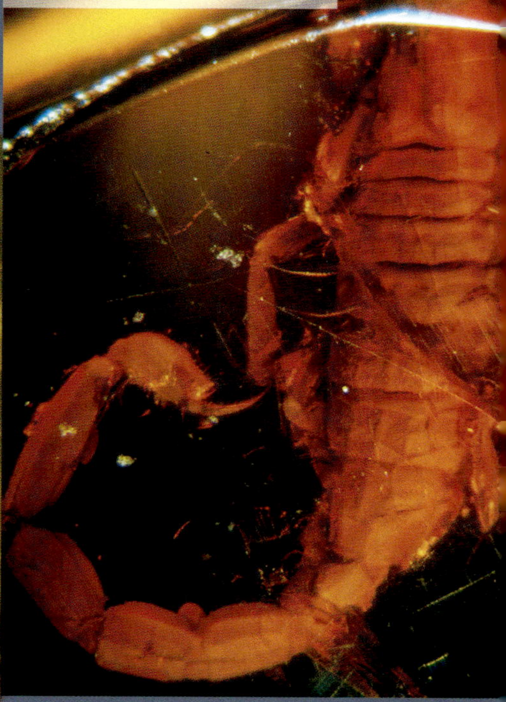

Ein Borstenschwanz der Gattung Machilis (Archaeognatha-Borstenschwänze: Familie Machilidae). Kopf mit Augen und Hinterleib mit Styli (Griffel). Körperlänge: 11 mm. Coll. A. Wiszniewski. Foto: J. Kupryjanowicz

ber World Museum) in Santo Domingo in der Dominikanischen Republik (Krumbiegel und Krumbiegel 2001). Zahlreiche Literatur informiert über dieses in der Welt wohl prachtvollstes und fossilreiches Harz: Wu, r. j. ch. (1998); Caridad et al. 1998, 1999 a, b; Poinar und Poinar 1999.
Neuerdings wurden auch auf der Insel Puerto Rico (Große Antillen) in Kohlevorkommen kleinere miozäne Bernsteinvorkommen entdeckt (Iturralde-Vinent und Hartstein 1998; Iturralde-Vinent 2001).

Mexiko: In den Bergen des Bundesstaates Chiapas wird an zahlreichen Stellen in der Umgebung des Städtchens Simojovel nach dem Mexikanischen oder „Chiapas-Bernstein" gegraben (Grimaldi 1996; Kosmowska-Ceranowicz 2000).
An Flußufern, in Bergrutschhalden, auf Farm- und Gartengelände wird von „ambareros" (ambar = Bernstein; minero = Bergmann) nach ihm gesucht. Auf den höchsten Bergkuppen wird auch Stollenabbau betrieben. Das Harz tritt zusammen mit Gagat in Kohleschichten auf (Poinar 1992). Beide Materialien, die sich gut polieren lassen, werden von den Indianern mit Gold zu Schmuck verarbeitet. Grabfunde aus der präkolumbianischen Zeit deuten auf einen schon sehr alten und beträchtlichen Bernsteinabbau hin. Damals wurde er als Schmuck für kultische Zwecke, bei Begräbniszeremonien und als Tauschobjekt verwendet. Intensiv wissenschaftlich untersucht wird der Mexikanische Bernstein erst seit 1952, insbesondere von der University of California in Berkeley/USA.
Das geologische Alter des Mexikanischen Bernsteins ist Oberoligozän bis Untermiozän (25–35 Millionen Jahre). Das Harz liegt in Meeressedimenten, hierfür sprechen Austern als Begleitfossilien und Seepockenbewuchs (Abb. S. 39) auf Bernsteinstücken.
Die Farbe des Bernsteins variiert von fahlgelb bis sehr dunkel, gelbbraun und rotbraun. Besonderheiten sind intensiv rote Farben an Krusten und blauer bis grüner Bernstein. Oft finden sich sehr große Brocken von 2–5 kg Gewicht. Viele Stücke zeigen Zertrümmerungs- und Erhitzungserscheinungen, die auf eine Beanspruchung, möglicherweise durch Erdbeben, hinweisen.
Der Mexikanische Bernstein enthält recht zahlreiche Inklusen. Besonderheiten sind der Fund eines Skorpions und zwei Bruchstücke von Leguanen. Ansonsten sind z. B. Spinnentiere und verschiedenste Insekten sehr häufig. Als Erzeuger der Harze konnte, wie beim Dominikanischen Bernstein, eine Leguminose, *Hymenaea curbaril*, (Langenheim und Beck 1968) bestätigt werden.
Nicaragua: Bernsteinlagerstätten in Nicaragua wurden erst kürzlich entdeckt, und bisher ist nur wenig über dieses Harzmaterial bekannt. Die Stücke sind klargelb, gelegentlich auch rot (Schlee 1990). Die Harze entstanden im Jungtertiär (20 Millionen Jahre). Die Fundstellen liegen etwa 80 km südlich von Corintho an der Meeresküste.

Südamerika
Aus Südamerika sind in neuester Zeit auch Bernsteinfunde bekannt geworden. Die in der älteren Literatur genannten bedürften jedoch einer Bestätigung durch Neufunde, um sicherzustellen, ob nicht Kopal mit Bernstein verwechselt wurde. Echter Bernstein könnte ein tertiäres (pliozänes) oder pleistozänes bis rezentes (Stinchcomb 1998, Kosmowska-Ceranowicz 2001) Alter besitzen. Grimaldi (1996) berichtet hierzu: „Viele der eindrucksvollen Stücke enthalten Termitenschwärme und andere Insekteninklusen und werden von Sammlern als „pliozäner Bernstein" (2 Mill. Jahre) eingestuft, obgleich die C_{14}-Altersbestimmung nur ein Alter von einigen hundert Jahren anzeigt.
Beim „Kolumbianischen Bernstein" von Pena Blanca handelt es sich um ein für Bernstein geologisch zu junges Harzmaterial mit typischen Kopaleigenschaften.

Nordamerika
Die Bernsteinfundstellen Nordamerikas haben keine kommerzielle Bedeutung, sind aber wissenschaftlich um so wichtiger, weil sie ein geologisch hohes Alter haben und eine vielfältige Fauna überliefern. Von Norden nach Süden sind hier im einzelnen zu nennen:
Kanada: Umfassende Information über den Bernstein in Kanada und Alaska geben McAlpine und Martin 1969; Grimaldi 1996. Für Kanada verzeichnen sie 50 Bernsteinfundstellen. Die meisten gehören geologisch in die Oberkreide (70–95 Millionen Jahre), ein paar ins Tertiär, und eine soll devonisches Alter haben.
Der bedeutendste Fundpunkt ist wegen seiner Menge und der Vielzahl der überlieferten Insektengruppen der Oberkreidebernstein vom Cedar Lake in Manitoba. Er heißt auch Chemawinit oder Cedarit (Kosmowska-Ceranowicz 2001; Zobel 1999). Die Harzstücke sind flach und dunkel und ähneln „Malzbonbons". Sie scheinen erhitzt und gequetscht, d. h. Form, Färbung und innere Strukturen deuten auf eine thermische Veränderung in der Lagerstätte hin. An Formen finden sich Tropfen und Stalaktiten.
Die Harze liegen auf sekundärer Lagerstätte. Sie wurden aus kohleführenden Schichten in Alberta und Südsaskatchewan erodiert und durch den Saskatchewan River in den Cedar Lake geschwemmt. Schon die Cree-Indianer sammelten den Bernstein am Ufer des Cedar Lakes. Heute trennt man das Harz im Flotationsverfahren von Schutt und Geröll und trocknet es anschließend. Da die Stücke klein sind, wurden sie häufig zur Herstellung von Firnis verwendet.
Ursprungspflanze des Cedar Lake Bernsteins ist die Kaurifichte *Agathis australis*. Paläobotanische Inklusen fehlen bisher, dafür kennt man seit 1934 sehr viele tierische Einschlüsse (bis 1969 wurden 470 Fossilien bekannt). Es seien genannt Einzeller, Bärtierchen (= winzige Moosbewohner), Krebs- und Spinnentiere und diverse Insekten (Schlee 1990).
Eine weitere, jedoch nicht so bedeutende tertiäre Bernsteinfundstelle ist Nanaimo in Britisch Kolumbien.
USA: In den USA wurden Bernsteinfundstellen von der Nordküste Alaskas bis nach Kalifornien und von der Pazifikküste bis zur Atlantikküste beobachtet. Ihr geologisches Alter reicht vom Tertiär bis zur Kreide. Die wirtschaftliche Bedeutung der Vorkommen ist gering. Nördlich Seattle wurde in neuerer Zeit (1985) ein tertiäres Bernsteinlager entdeckt, mit Stücken von mehreren Zentimetern Größe. Das Harz, der sogenannte Issaquah-Bernstein, ist klargelb und hat einen bläulichen Schimmer. Das

thermisch und tektonisch beanspruchte Material hat nur wenige Inklusen (Pflanzenläuse) (SCHLEE 1990).
Von der nordamerikanischen Atlantikküstenebene kennt man seit 150 Jahren kleine Aufschlüsse in Oberkreide-Schichten (Magothy Formation), die Bernstein geliefert haben, den sogenannten New Jersey-Bernstein (GRIMALDI et. al. 2000 – Monographie). Fundorte sind Maryland, Martha's Vineyard, New Jersey, New York, Delaware und South-Carolina. Bei New Jersey fand man fossile staatenbildende Insekten in Form zweier ungeflügelter Ameisen der Arbeiterkaste, die ältesten Bienen (POINAR 1992, 1994) sowie eine zweite Vogelfeder (GRIMALDI & CASE 1995).
Die bernsteinführenden Ablagerungen der Küstenebene gehören zur Patuxent Formation der Potomac-Gruppe (Barremium und Valanginium, 119–124 Millionen Jahre).
Als Harzlieferanten gelten Araucariaceen, Hamamelidaceen (Hamamelisgewächse) und Taxodiaceen (*Sequoiadendron* und *Metasequoia*) (GRIMALDI, BECK und BOON 1989). Dies führt zu der Annahme, daß es in der Kreidezeit „gemischte Wälder" gab, auch eine Abfolge harzproduzierender Wälder wäre denkbar.
Fossilführender tertiärer Bernstein findet sich ferner in der zentralen Küstenebene von Arkansas in der Nähe von Malvern, Hot Spring County. Die bernsteinführende Serie besteht aus Sand, Ton und Braunkohle. In der Kohle und in kohligen Tonen treten 3–8 cm große irreguläre Harzklumpen auf, die sehr porös und zerbrechlich sind. Das Harz wird Claiborne genannt, nach seinem Vorkommen in der Claiborne-Schicht des Mitteleozäns. Es ähnelt heutigem *Shorea*-Harz, das von Dipterocarpaceen (Flügelfruchtgewächse) abgeschieden wird. Bisher wurden 700 Arthropoden-Einschlüsse von acht Insektenordnungen bestimmt.
Bernstein ist ferner bekannt aus dem Staate Washington, aus der mitteleozänen Tiger-Mountain-Formation bei Issaquah. Auch in diesem Harz wurden Fossilien beobachtet.
Alaska: In Alaska (s. a. Seite 63) wurden erstmalig 1870 in kohleführenden Sedimenten fossile Harze entdeckt, und zwar im Holozän des Yukon-Deltas und in Kohlelagern auf Fox Island sowie durch Eskimos auf den Aleuten Inseln (POINAR 1992; ZOBEL 1999).
Von zahlreichen Lokalitäten nördlich Brooks Range wurde 1955 Bernstein in Braunkohle und harten Ligniten bekannt. Diese Harze waren spröde, zersplittert und pulvrig. Sie traten in Taschen von Schiefern auf, in der Umgebung der Kohleflöze.
Die Bernsteine sind licht-goldgelb bis tiefrot, gelegentlich auch schwarz. Einige Stücke zeigen Inklusen. Der Alaska-Bernstein stammt aus Kreidesedimenten zwischen Brooks Range und der Nordküste Alaskas.
Man nimmt an, daß das Bernsteinharz von Taxodiaceen gebildet wurde (LANGENHEIM u. a. 1960), auch Araucariaceen sind nicht auszuschließen (POINAR und HAVERKAMP 1985).

Afrika

Die Küstenländer Ost- und Westafrikas (SCHLÜTER und GNIELSKI 1987) sind zwar bekannt für ihre riesigen Mengen rezenten Harzes, des Kopals, aber fossiles Harz ist erst in neuerer Zeit an einer Stelle im mittleren Afrika beobachtet worden. STINCHCOMB (1998) nennt ein neues Vorkommen von „Bernstein" auf der Insel Madagaskar, ebenso GEIRNAERT (2000, 2002). Hierbei handelt es sich aber auch um Kopal.
Im Alttertiär (Obereozän) Südost-Nigerias in der Nähe von Umuahia wurde fossiler Amekit in tonigen Sandsteinen gefunden. Er sieht klargelb oder rot aus und besitzt Bernsteineigenschaften (ARUA 1979, 1988, 1990). Das Harz kommt in unregelmäßigen Geröllen vor und hat keinerlei Einschlüsse.

Bernsteingewinnung in Mitteleuropa

Zahlreiche Beschreibungen und Illustrationen in Schriften und Büchern des 16. und 17. Jahrhunderts sowie auf alten Landkarten und Rissen informieren in allen Einzelheiten über die Bernsteingewinnung in vergangenen Zeiten.

Das Sammeln am Meeresstrand ist eine der ältesten und einfachsten Methoden, um in den Besitz dieses wertvollen Rohstoffes zu kommen (s. Abb. S. 66).

An den Küsten der südlichen Ostsee und in der Nordsee werden zum Teil große Mengen Bernstein während der Stürme im Frühjahr, Herbst und Winter durch die Wellen an den Strand gespült. Der Bernstein wird aus den Spülsäumen abgefischt und ausgelesen (Strandlese). Bevorzugt sucht man den „Blanken Seestein", der durchweg „gesund", d. h. frei von Rissen ist und kaum eine Verwitterungsrinde hat. Häufig zeigen diese Bernsteinstücke rezenten Bewuchs von Meeresalgen (Blasentang) und anderen Meeresorganismen (Bryozoen, Seepocken, Miesmuscheln u. a.; s. Abb. S. 39).

Eine Sturmnacht im Herbst 1862 lieferte auf einer 7 km langen Küstenstrecke des Samlandes zwischen Nodems und Palmnicken etwa 200 kg Bernstein. Eine ähnliche hohe Ausbeute gab es nach der Sturmflut im Frühjahr 1953 an der Nordseeküste. Solche „Strandsegen" sind jedoch selten.

Längs der gesamten östlichen und südlichen Ostseeküste zwischen Kurland, der Weichselniederung und Schleswig-Holstein liefert die Strandlese stellen- und zeitweise mehr oder weniger Bernstein. Ergiebiger dagegen sind die Westküste Jütlands und das davor liegende Wattenmeer, das erste Bernsteinland der „Alten" (vgl. Tacitus), z. B. die Halbinseln Stavning und Eiderstedt sowie die Insel Fanö, um einige Fundplätze zu nennen. Die Bernsteinsammler heißen hier „Hitzläufer" (nach einer Untiefe, der Hitzbank), auch wurde in diesem Gebiet zu Pferde gesammelt, von den sogenannten „Bernsteinreitern".

Im Samland war für lange Zeit das **Schöpfen** mit Netzen, sogenannten Keschern, eine der ergiebigsten Gewinnungsmethoden. Dieser Bernstein wurde „Schöpfstein" oder „Zugbernstein" genannt. Auch wurden Tangmassen, hauptsächlich Blasentang *(Fucus vesiculosus)* gefischt. Aus diesem „Bernsteinkraut" las man den Bernstein aus. So belief sich z. B. 1868 für die eigentliche Bernsteinküste des Samlandes der durchschnittliche Jahresertrag auf 400 Zentner.

Die Sammler fuhren aber auch bei ruhiger See mit Booten aufs Meer hinaus, um in den flachen Meeresteilen den Bernstein zu **stechen** und zu **zangen**. Erspähte man am Meeresboden Bernstein, wurde er zum Aufschwimmen gebracht und mit an langen Stangen sitzenden Keschern und mit „Speeren" oder großen Zangen aus dem Wasser gefischt.

In der Zeit von 1869 bis 1891 ließ die Firma Stantien und Becker mit Erfolg nach Bernstein **tauchen**. Besonders auf einem Steinriff vor Brüsterort, dem Nordwestkap des Samlandes, förderte man auf diese Weise Bernstein.

Auf einer holozänen Lagerstätte am Grunde des Kurischen Haffs wurde von 1860 bis 1890 Bernstein mit großem Erfolg **gebaggert**. 75000 kg Bernstein pro Jahr erbrachte diese Art der Gewinnung.

Landkarte des Ostseeraumes aus dem Werk „Carta Marina" von Olaus Magnus, Venedig 1539. Am Südufer der Ostsee, im Bereich des Mare Goticum, ist die Bernsteinküste vermerkt.

Bernsteinsammler an der Samlandküste, der sog. Bernsteinküste; Stich aus dem Werk „Alt und Neues Preußen" von M. C. Hartknoch, Frankfurt / Leipzig 1684.

Bernsteinsammler beim Bernsteinfischen mit Netzen am Strand der Frischen Nehrung (Mierzeja Wiślana); nach Grabówska 1982

Bernsteinsammler. Stich aus dem Werk „Succini Prussici Physica et Civilis Historia" von P. J. Hartmann, Frankfurt 1677.

Heute sind fast alle diese genannten Gewinnungsmethoden Vergangenheit. Als größte festländische Lagerstätte gilt die des Baltischen Bernsteins. Er ist gebunden an die sogenannte Blaue Erde, eine eozäne/oligozäne Flußablagerung des „Eridanos-Deltas" im Gebiet der Danziger Bucht, des Frischen und Kurischen Haffs sowie des Samlandes (Kosmowska-Ceranowicz 1991/1992). Das Vorkommen ist so groß, daß es jahrhundertelanger Bernsteinabbau bis heute nicht hat erschöpfen können. Bereits 1867 begann man den Bernstein mit bergbaulichen Methoden durch Abbaggerung im Tief-(Stollenabbau) und im Tagebau zu gewinnen.

Gleiches gilt für den Geschiebebernstein der pleistozänen Ablagerungen, der „Nebenprodukt" bei der Kies- und Sandgewinnung in kleinen Gruben ist (Kosmowska-Ceranowicz 2002).

Mit Hoch- und Tiefbaggern wurde zunächst das pleistozäne Deckgebirge entfernt und der bernsteinführende Horizont, die „Blaue Erde", freigelegt. Zum Abbau der bernsteinführenden Schicht setzte man einen Schwenkbagger ein und führte das Material der Wäsche zu. Dort wird es mit 6 at Wasserdruck (s. Abb. S. 12) zu einer breiigen Trübe aufgeschwemmt und über große Roste bzw. Siebe geführt, die die großen Bernsteinstücke zurückhalten. Der so gewonnene Rohbernstein wird dann per Hand verlesen. Die kleinen, auf der Tontrübe schwimmenden Stücke werden abgetrennt. 20 % des Rohbernsteins sind jedoch nur für die Verarbeitung zu Bernsteinwaren brauchbar (Tabelle S. 68-69).

Die Entdeckung und der Aufschluß der Bernsteinlagerstätte in Mitteldeutschland bei Bitterfeld (Sachsen-Anhalt) im Tagebau Goitsche führte seit 1975 auch hier zur Gewinnung des Bitterfelder bzw. Sächsischen Bernsteins im Tagebaubetrieb (Krumbiegel und Kosmowska-Ceranowicz 1989). Dieser Baggerbetrieb (Trockenabbau) wurde 1990 wegen der damit verbundenen zu hohen Umwelt- und Luftverschmutzung eingestellt. 1992 ist die Gewinnung auf einen umweltfreundlichen Betrieb mit Hilfe eines Schwimmbaggers (Unterwassergewinnung) umgestellt worden, wurde jedoch 1993 eingestellt (Ziegler und Liehmann 2004) (s. Abb. S. 70-71).

Von Beginn der Gewinnung des Bitterfelder Bernstein an wurde eine umfangreiche und vielseitige paläontologische, insbesondere paläoentomologische wissenschaftliche Bearbeitung seiner Inklusenfunde durchgeführt, die bis heute fortgesetzt wird (vgl. Krumbiegel 1999, s. S. 82, Tabelle).

Die letzte Etappe der Wanderung des Bernsteins vom Ort seiner Bildung in den ursprünglichen Wäldern Skandinaviens zu immer jüngeren Lagerstätten (zum dritten und vierten Mal umgelagert) waren und sind die Strände von Nord- und Ostsee. Wellenschlag wühlte den Bernstein vom Meeresgrund auf und wusch die anstehenden Lagerstätten sowohl die des Quartärs als auch die des Eozäns aus; der Bernstein aber wurde vom Wasser über weite Strecken an den Strand transportiert. Überall, wo es solche alten holozänen Strände gibt, z. B. in Polen, in der Weichselniederung bei Danzig-Stogi, werden sie für die Bernsteingewinnung wirtschaftlich genutzt. Der Bernstein liegt in diesen Gebieten in geringer Tiefe zwischen 8 und 12 m. Er wird hier auf hydraulischem Wege gefördert. Man pumpt mit Überdruck Wasser in den bernsteinführenden Horizont und spült den feinkörnigen Sand zusammen mit vielen Holzresten und dem Bernstein heraus. An der Oberfläche wird dann das aufgewirbelte feste Harzmaterial mit einem Netz oder Kescher aufgefangen, gesammelt und später nach nochmaliger Reinigung ausgelesen (Abb. S. 71-72).

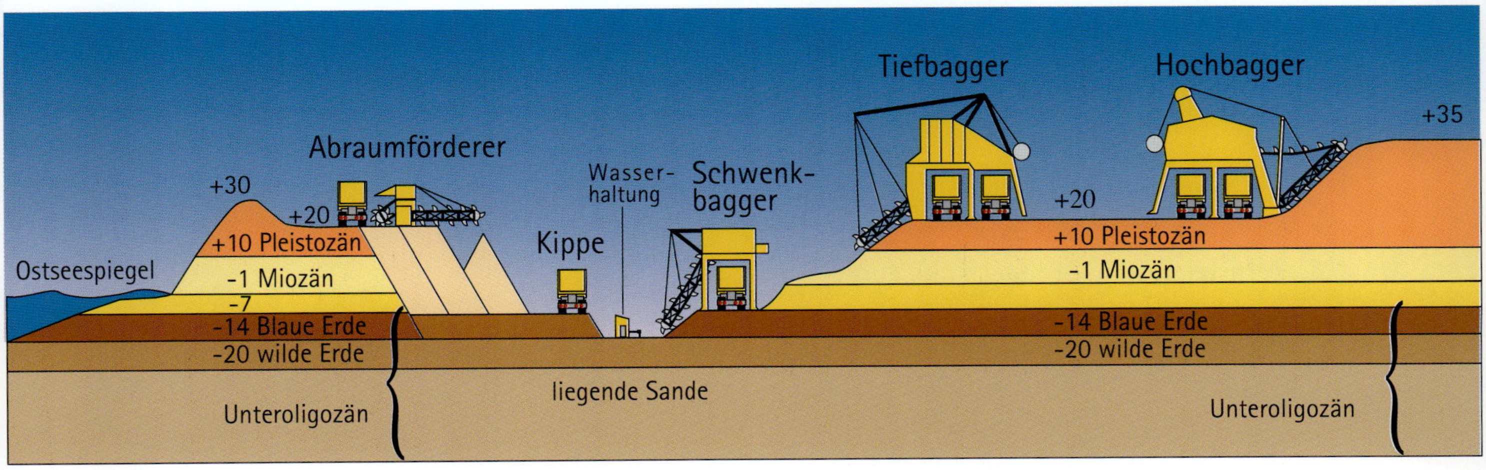

Schema der historischen Bernsteingewinnung im ehemaligen Tagebau Jantarnyj (Palmnicken) im 20. Jahrhundert und bernsteinführende geologische Schichten (nach N N. 1936)

Übersicht der Bernstein-Gewinnung und -Verwertung

(in Richtung der Pfeile zu lesen; nach ANDRÉE 1951)

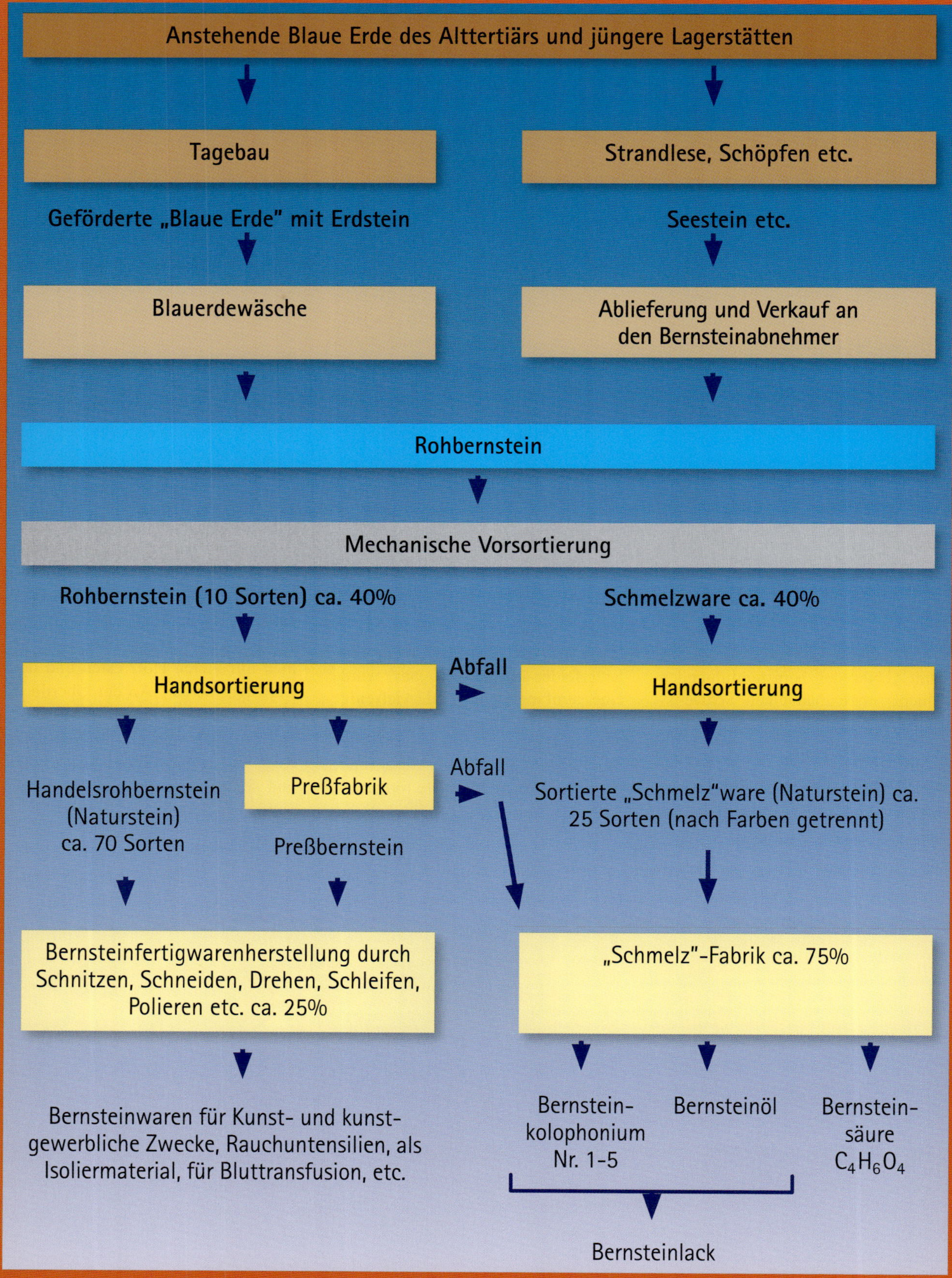

Gewinnung

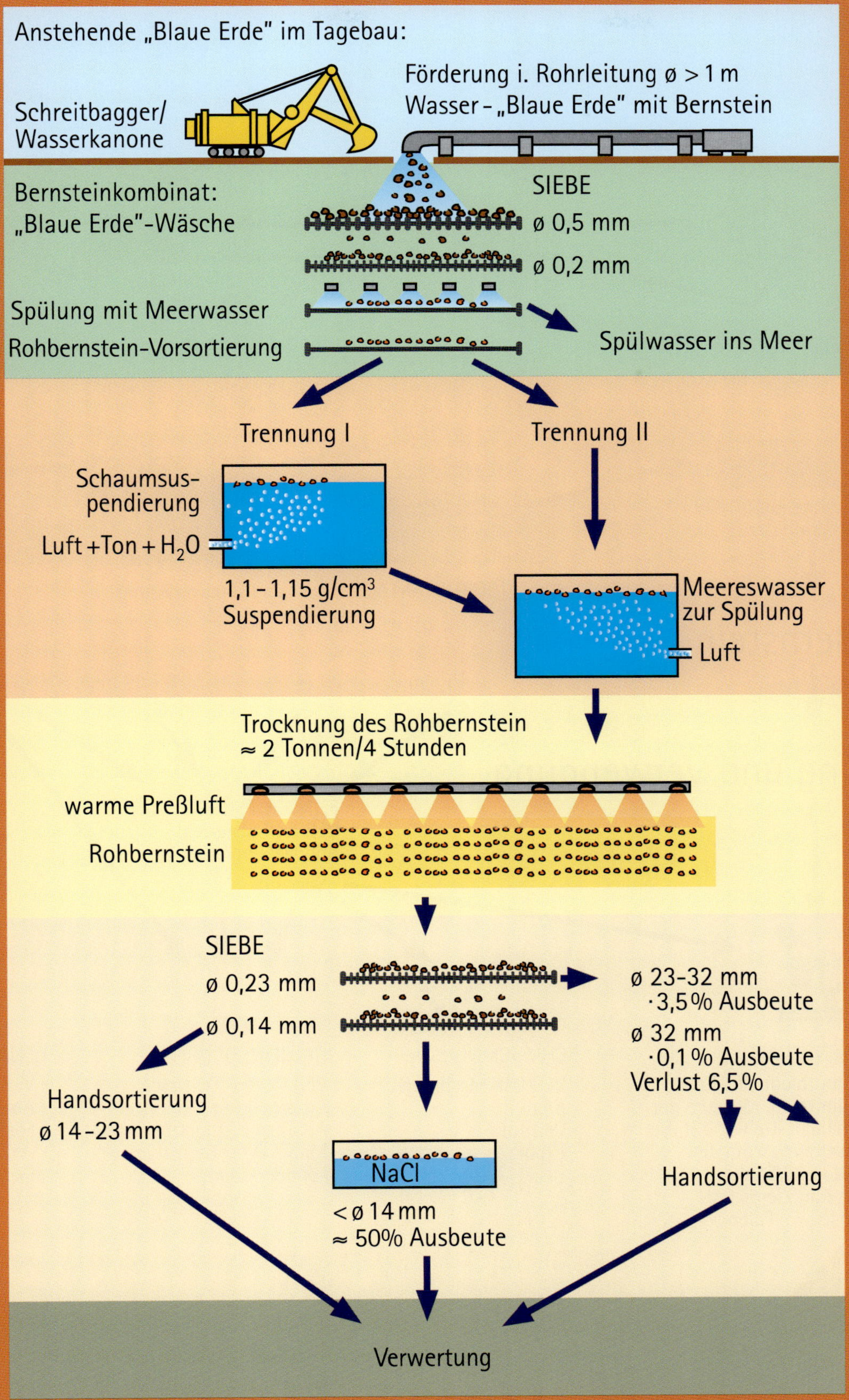

Bernsteingewinnung und -aufbereitung im Bernstein-Kombinat „YANTAR" in Jantarnyj (Palmnicken) Rußland (Stand: Kosmowska-Ceranowicz 1995 b und Kostiaszowa 1997) (früherer Bernstein-Gewinnungs- und Verwertungsprozeß bei Andrée 1951 b, s. S. 68).

Gewinnung

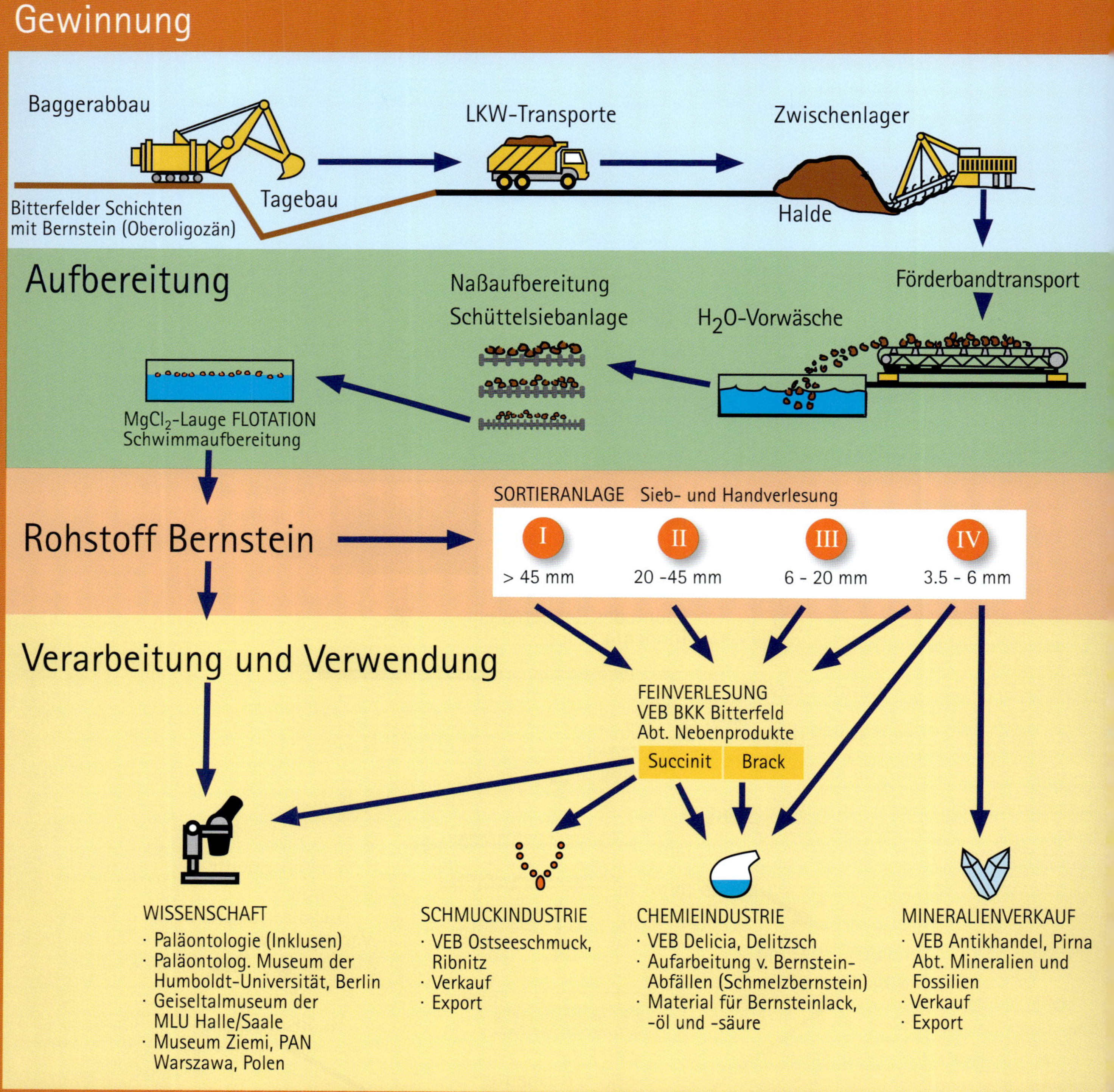

Technologie der Gewinnung, Aufbereitung, Verarbeitung und Verwendung des Bitterfelder- bzw. Sächsischen Bernsteins in Mitteldeutschland bis 1993 (nach Krumbiegel 1989)

Tagebau Goitsche bei Bitterfeld (Sachsen-Anhalt). Gewinnungsstätte des Bitterfelder- bzw. Sächsischen Bernsteins in Mitteldeutschland (Oberes Oligozän).
Foto: G. Krumbiegel

Gewinnung des Bernsteins und anderer fossiler Harze im umweltfreundlichen Unterwasserabbau mit einem Schwimmbagger im Tagebau Goitsche bei Bitterfeld (1992–1993).
Foto: G. Krumbiegel

Trennung des mit Wasser aufgeschwemmten, harzführenden Sedimentmaterials der Bitterfelder Schichten vom Spülmittel (Wasserrücklauf in den Tagebausee) und Abtransport des Spülgutes in Containern zur Naßaufbereitung (Trennung) der Harzarten durch Flotation (links).
Foto: G. Krumbiegel

Bernsteingewinnung in der Weichselniederung bei Danzig (Gdańsk-Stogi) aus holozänen Flußsedimenten der Weichsel auf hydraulischem Wege.
Foto: G. Krumbiegel

Abbaufeld der Bernsteingewinnung in der Weichselniederung bei Danzig (Gdańsk-Stogi) nach der hydraulischen Abbaumethode. Gegenwärtige Gewinnung im Hintergrund, im Vordergrund alte Senkungstrichter infolge Ausspülung der bernsteinführenden Sande im Untergrund.
Foto: G. Krumbiegel

Dolinenfeld in der Weichselniederung
Foto: G. Krumbiegel

Sack mit Spülgut, sog. Sprockholz (Holzreste, Bernsteinstücke), der hydraulischen Bernsteingewinnung in der Weichselniederung bei Danzig (Gdańsk-Stogi).
Foto: G. Krumbiegel

Pflanzliche und tierische Organismen im Bernstein

Inklusen – Einschlüsse

Alle in Bernstein eingeschlossenen pflanzlichen und tierischen Lebewesen werden Inklusen (lat. includere = einschließen) genannt. Es sind die „Gläsernen Särge" oder die „Fossilfallen" der Erdgeschichte, in denen Pflanzen und Tiere vergangener Zeiten eingebettet und besonders gut und vollständig erhalten geblieben sind. Für die Liebhaber des Bernsteins besitzen die Einschlüsse größten ästhetischen Wert, und für die Wissenschaft stellen sie ein ergiebiges und wertvolles Forschungsmaterial dar, das Aufschluß über fossile Umwelten gibt. Die große Anzahl der Inklusen erlaubt es, den Lebensraum, die bernsteinliefernden Wälder, zu rekonstruieren; sie verschaffen Einblick in die Fauna und Flora der subtropisch-tropischen und gemäßigt-warmen Zonen der geologischen Vorzeit.

Harzlieferanten

Welche Bäume die Hauptquelle des in verschiedenen Gebieten beinahe aller Kontinente auftretenden Bernsteins und anderer fossiler Harze waren, ergibt sich aus wissenschaftlichen Untersuchungen. Zum Beispiel läßt sich die botanische Herkunft der verschiedenen Harze durch Infrarotspektroskopie (s.S. 28-29) ermitteln (Anwendung des Aktualitätsprinzips). Hier einige Beispiele:
Der Mexikanische und wahrscheinlich auch der Dominikanische Bernstein entstanden aus dem Harz des „Bernsteinbaums", hinter dem sich die wissenschaftlichen Namen der *Hymenaea curbaril* L. und *Hymenaea protera* (POINAR), beide aus der Familie der Hülsenfrüchtler, verbergen.
Glessit wird mit dem Harz des Laubbaumes *Bursera bipinnata*, einem Balsambaumgewächs, verglichen (KOSMOWSKA-CERANOWICZ, KRUMBIEGEL und VÁVRA 1993). Siegburgit führt man zurück auf *Liquidambar europaeum* oder *Hamamelis* sp., ein Hamamelis- (Abb. S. 77) oder Zaubernußgewächs (KRUMBIEGEL und KOSMOWSKA-CERANOWICZ 1992), Gedanit auf die Konifere *Cupressospermum saxonicum* (MAI und SCHNEIDER 1988). Für den Mutterbaum des Baltischen Bernsteins hielt man lange Zeit die Bernsteinkiefer *Pinus succinifera* (SCHUBERT 1961), jedoch ist das Harz einer rezenten Zeder, *Cedrus atlantica* (Abb. S. 74), aus dem Atlasgebirge Afrikas, dem des Baltischen Bernsteins sehr ähnlich – ein sensationelles Ergebnis der Bernsteinforscher (KATINAS 1971 und KATINAS in STROGANOW 1987).
Auch die Kaurifichte *Agathis australis*, die zu den Araukarien (heutige Zimmertanne) gehört, erzeugt riesige Harzmengen. *Agathis* wurde im Bernstein von Alaska, Kanada, Nordamerika, Jordanien, Libanon und vereinzelt im Baltischen Bernstein nachgewiesen (POINAR 1992); (s. S. 57-58).
Im Bernstein von Arkansas und im Dammar-Bernstein von Sarawak (Borneo) spielen auch die Dipterocarpaceen (Zweiflügelfruchtgewächse) als Harzausscheider und -lieferanten eine Rolle (HILLMER, VOIGT und WEITSCHAT 1992).

Succinose – die Bernsteinkrankheit

Weiß man heute schon sehr viel über den pflanzlichen Ursprung der Harze, so sind die Erkenntnisse und Hypothesen über die Ursachen des seinerzeitigen, teilweise intensiven Harzflusses (Harzüberproduktion) – Succinosis genannt – von einer verwirrenden Vielfalt. Die wohl überzeugendste Erklärung für diese Harzüberproduktion sind Klimaveränderungen. Diese führten zu tiefgreifenden unnatürlichen lebensbedrohenden Veränderungen der Umwelt, die sich in stoffwechselphysiologischen Reaktionen der Pflanzen und also auch der harzabscheidenden Bäume widerspiegeln. Nach BARTHEL und HETZER (1982) sind solche die Succinose stark stimulierenden Umweltfaktoren z. B. Blitze bei Gewittern, Staunässe, Frühfröste, Erhöhung der Salzkonzentration des Bodens, anormale Erhöhung der Luftfeuchtigkeit.
Aus Beobachtungen der heutigen Pflanzenwelt weiß man, daß die Menge des produzierten Harzes in heutigen Wäldern innerhalb verschiedener Areale auf der Erde zum Äquator hin ansteigt. Das heißt, der Harzfluß nimmt mit steigender Wärme und Luftfeuchtigkeit zu. Und eine solche Klimaveränderung ist z. B. in Europa während des Untereozäns zu beobachten. Einen ähnlichen Anstieg verzeichnet die Humidität während des Eozäns im Vergleich zum Paläozän.
Besagter Temperaturanstieg hatte eine Migration der tropischen Flora in nördliche Breiten zur Folge, womit sich auch das Areal bernsteinabscheidender Wälder erheblich ausweitete. Die Folge davon war der Beginn einer intensiven Harzabscheidung im frühen Eozän, weil die Jahresdurchschnittstemperaturen rasch anstiegen. Dies beweisen die für ein gemäßigt warmhumides Klima typischen Organismen in den Inklusen (KATINAS 1971).
Die Nordgrenze dieser Klimazone verlief im Tertiär durch das südliche Skandinavien, wo man den Standort

Cedrus atlantica (Mittelmeerzeder) Zedernwald bei Azrou am nördlichen Westrand des Mittleren Atlas. Länge der einzelnen Nadeln etwa 1,2 cm; männliche Zapfen. Foto: A. Krumbiegel

Picea abies (Pinaceae – Kieferngewächse). Solitärbaum, Baumspitze mit starkem, harzendem Zapfenbehang. Böhmerwald – Šumava, Kvilda, Tschechien. Foto: A. Krumbiegel

Picea abies (Pinaceae – Kieferngewächse). Stamm mit frischem Harzausfluß: zahlreiche kleine Tropfen und lange, dünne, fadenförmige Stalaktiten. Böhmerwald – Šumava, Kvilda, Tschechien. Foto: A. Krumbiegel

Agathis dammara (Araucariaceae – Araukariengewächse, Blätter). Der Dammarabaum bzw. die Kaurifichte mit Heimat in Australien und Neuseeland im Botanischen Garten Puerto de la Cruz, Teneriffa, Kanarische Inseln. In Kanada auf den Inseln Axel Heiberg und Somerset war die Gattung Pseudolarix Mutterbaum für die Bildung von Succinit. Foto: A. Krumbiegel

Verarbeitung heutigen Dammara-Harzes: Vorbereitung (Zerkleinern) von frisch gewonnenem Dammaraharz zur Nutzung im Töpferhandwerk: gebrannte Tongefäße werden mit erhitztem flüssigen Dammaraharz ausgeschwenkt, das nach dem Erkalten die Innenseite des Gefäßes abdichtet. Insel Saparua, Molukken, Indonesien Foto: A. Krumbiegel

Agathis dammara (Araucariaceae) (Dammarabaum), Zapfen der Kaurifichte in Neuseeland

der harz- bzw. bernsteinabscheidenden Wälder vermutet.
Eine andere Hypothese (CZECZOTT 1961) führt den Temperaturanstieg zu Beginn des Eozäns zurück auf den im Bereich des heutigen Nordseeraumes und der anschließenden Landgebiete (England, Dänemark, Norddeutschland) im Paläozän nachgewiesenen Vulkanismus. Er führte zu einer starken Erwärmung und diese zu einer breiten Entfaltung der Pflanzenwelt auf den Landgebieten des nordeuropäischen Raumes (Skandinavien und Ostseeraum).

Entstehung der Inklusen

Geringe Körpergröße und ausserordentliche Aktivität sind wohl die Ursachen für den Reichtum an tierischen Inklusen im Bernstein. An erster Stelle unter den überlieferten Lebenszeugnissen stehen die Gliederfüßer und hier vor allem die Insekten, Spinnen, Milben und Tausendfüßer. Seltener sind Krebse oder gar Amphibien, Reptilien, Vögel und Säugetiere.
Herbeigelockt, vielleicht vom aromatischen Duft oder der Farbe des noch klebrigen, fast flüssigen Harzes, das aus dem verletzten Baum quoll, setzten sich die Tiere darauf und kamen nicht mehr los. Jeder Versuch, sich zu befreien, ließ sie tiefer in das Harz eintauchen, und die nachfolgenden Harzausflüsse schlossen sie schließlich vollkommen in diesen Sarg ein. Hier blieben sie dann über Millionen Jahre lang „mit Haut und Haar" und z. T. mit ursprünglicher Substanz (Kutin, Chitin) und Farben erhalten.
Gelegentlich überliefert das fossile Harz nur die Extremitäten, andere Körperteile oder die Bewegungsspuren der Tiere. Sie zeugen vom Todeskampf der in diese Falle geratenen Lebewesen.
Tierische Inklusen sind in fossilen Harzen unterschiedlichsten geologischen Alters, von der Unterkreide bis zum Untermiozän und aus verschiedenen Kontinenten bekannt. Damit konnte man die regionale Verbreitung verschiedener Gattungen (Paläobiogeographie) und ihre Evolution untersuchen. Die Inklusen vermitteln aber auch eine recht genaue Vorstellung von der Zusammensetzung und den vielfältigen Lebensräumen (Biotope) der vorzeitlichen Bernsteinwälder (Paläoökologie).
Trotz des vorzüglichen Erhaltungszustandes der Organismen in den Inklusen vermitteln sie aber kein

Die Tabelle zeigt die Entwicklung der Forschung über den Mutterbaum des Succinits (Auswahl)

Gattung des Baumes	Autor und Jahr der Veröffentlichung	Art der Forschung
Altertum		
Kiefer, Zeder, Pappel	Plinius d. Ältere	
XIX. Jahrhundert		
Kiefer	Behrendt (1845)	botanische Forschung
Pinus	L. Aycke (1835)	s.o.
Pinites succinifera	Goeppert & Behrendt (1845)	s.o.
Abies bituminosa	Haczéwski (1838)	s.o.
Taxoxylum electrochyton	Menge (1858)	s.o.
Pinus succinifera		
(Goeppert) Conwentz	Conwentz (1890)	s.o.
XX. Jahrhundert		
Neuseeland kauri	Kostyniuk (1960)	s.o.
(Kaurifichte)		
Pinus succinifera (Conw.)	Schubert (1961)	botanische u. chemische Forschungen
verschiedene Gattungen	Czeczott (1961)	Literatur
der Familien Pinaceae,		
Taxodiaceae, Cupressaceae		
Agathis australis	Langenheim (1963)	botanische Forschung
(Fam. Araucariaceae)	Thomas (1969)	physik.-chem. Forschung
	Poinar (1992, 1999)	s.o.
	Havercamp (1985)	s.o.
	Beck (1999)	s.o.
Cedrus atlantica	Katinas (1987)	s.o.
Pseudolarix weberi	Anderson & Lepage (1995)	botan., physikal. - chem. Forschungen
Cupressospermum saxonicum	Barthel & Hetzer (1982)	paläobot. Forchung
	Fuhrmann & Borsdorf (1986)	phys.-chem. Forschung
	Kunzmann (1999)	paläobot. Forschung
Kiefern	Arnold (1998)	paläobot. (Pollen) Forschung
Geinitziaceae:	Kunzmann (1999)	paläobot. Forschung
Geinitzia formosa		
XXI. Jahrhundert		
Doliostrobus sp.	Vahldick (2001)	paläobot. Forschung
(Fam. Araucariaceae)		

Rezente Balsambaumgewächse (Burseraceae) Bursera simarouba bei San José, Costa Rica. Die Stämme wurden beschnitten, um sie als Pfähle für Zäune zu nutzen. Durch ihre fossilen Vertreter wurde der Glessit gebildet. Foto: A. Krumbiegel

Blüten der lebenden Hamamelidaceae (Hamamelisgewächse oder Zaubernußgewächse), Hamamelis japonicus var. purpurescens im Botanischen Garten der Universität Halle/ Saale. Fossile Vertreter dieser Pflanzenfamilie schieden das fossile Harz Siegburgit ab. Foto: A. Krumbiegel

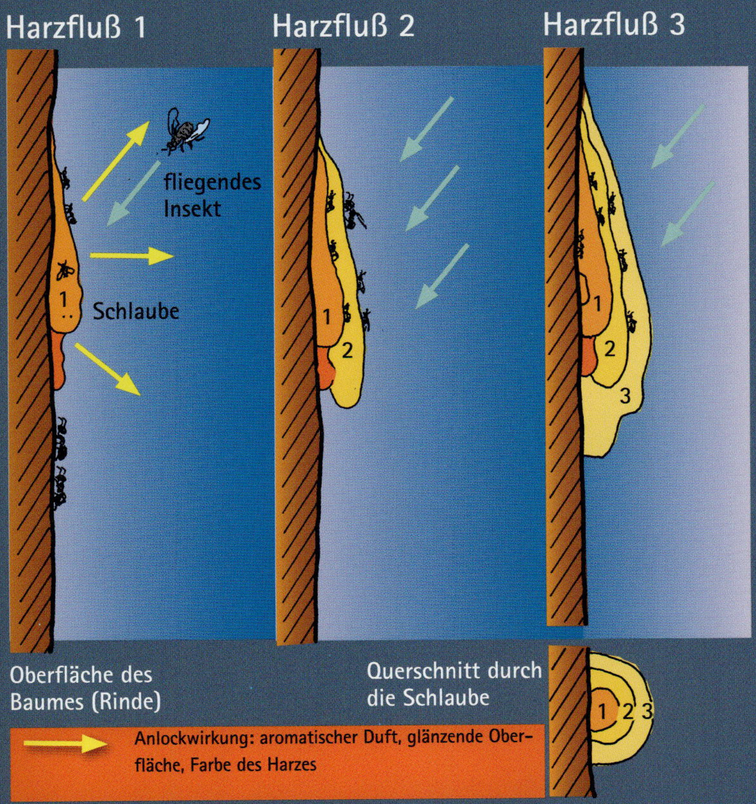

Bildung von Inklusen nach dem „Fliegenfänger-Prinzip".

unverfälschtes Bild der damaligen Kleintierwelt. Ursache hierfür ist, daß die einzelnen Organismen sehr unterschiedliche Chancen hatten, in das Harz zu geraten und darin überliefert zu werden. Bevorzugt findet man Tiere, die sehr aktiv waren, wie viele Diptera (Mücken, Fliegen). Zahlreich sind auch Organismen, die in und auf der Rinde der Bäume oder auf dem Waldboden lebten, wie Ameisen, Käfer, Termiten u. a.

Organismen der freien Landschaft haben daher Seltenheitswert, da sie vermutlich nur zufällig Opfer des klebrigen Harzes wurden. Einen Überblick über die Häufigkeit einzelner Tiergruppen gibt nachfolgende Zusammenstellung in Anlehnung an Anders (1942) in Vávra (1982); Szadziewski und Sontag (2001); Weitschat und Wichard (2002, 2004).

Die Übersicht auf Seite 79 zeigt, wie das Faunenspektrum, das die fossilen Harze der einzelnen Regionen überliefern, abhängig ist vom seinerzeitigen Biotop. Doch bei aller Verschiedenheit der Faunen fällt auf, daß stets Hymenopteren (Hautflügler) und Dipteren (Zweiflügler) besonders häufig sind. Der Bernsteinwald muß also in der Regel ein Feuchtbiotop gewesen sein, mit Wasserflächen und Bächen.

Coleoptera (Käfer), Arachnida (Spinnen), Isoptera (Termiten) sind Formen, die im Holz oder in und auf der Rinde der Bäume lebten.

Die folgende Aufstellung zeigt für zehn ausgewählte Insektenordnungen, wie hoch ihr prozentualer Anteil an der Gesamtfauna ist, die die verschiedenen fossilen Harze der Erde überlieferten.

Ordnungen	**Prozent**
Diptera (Zweiflügler)	51 – 64
Collembola (Springschwänze)	7 – 11
Acarina (Milben)	8 – 9
Hemiptera (Schnabelkerfe)	3 – 7
Trichoptera (Köcherfliegen)	5 – 6
Hymenoptera (Hautflügler)	4 – 5
Araneida, Phalangiida (Spinnen, Weberknechte)	4 – 5
Coleoptera (Käfer)	4 – 5
Orthoptera (Geradflügler)	0,4 – 0,5
Lepidoptera (Schmetterlinge)	0,1

Sie spiegeln die qualitativen Proportionen wider, die in den Biotopen dieser Tiere in den Bernsteinwäldern von der Oberkreide bis zum Tertiär anzutreffen waren.

Ein Thrips (Fransenflügler, Blasenfüßer) der Familie Phlaeothripidae (Thysanoptera). Körperlänge: 1,3 mm. Ukrainischer Bernstein. Coll. A. Wiszniewski. Foto: J. Kupryjanowicz

Eine dickköpfige Fliege (Dolichopodidae – Langbeinfliegen) – Körperlänge: 3 mm; zwischen den Flügeln und Beinen drei Gasblasen. Baltischer Bernstein. Coll. A. Wiszniewski. Foto: J. Kupryjanowicz

Anteile von zehn ausgewählten Insekten-Ordnungen der Bernsteinfauna und anderer fossiler Harze (Bearbeitung z. T. nach R. KULICKA, ergänzt)

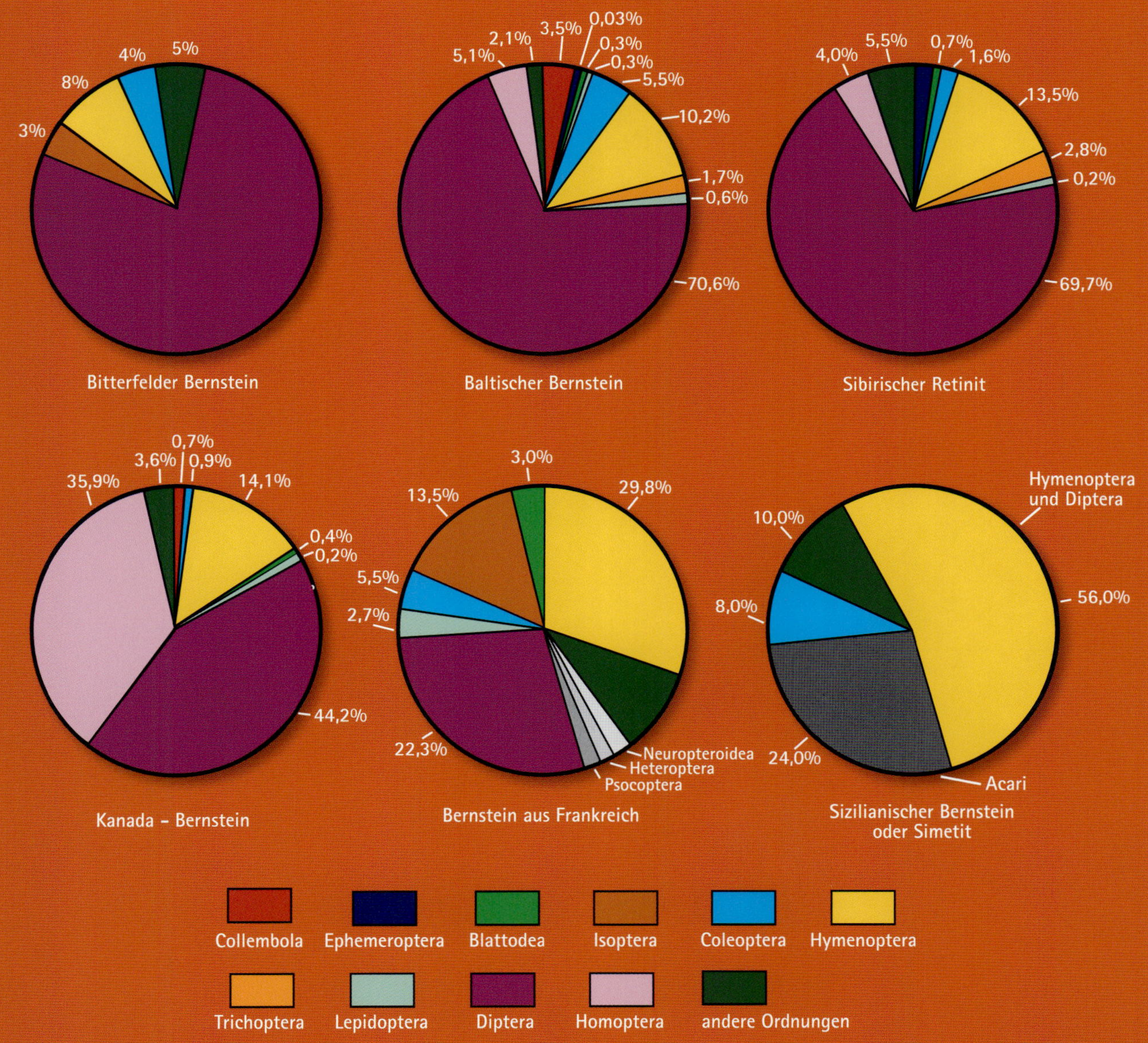

Bitterfelder Bernstein (auf der Grundlage von SCHUMANN & WENDT 1989)
Baltischer Bernstein (auf der Grundlage von 13717 Stücken aus der Sammlung des Muzeum Ziemi/PAN in Warschau)
Sibirischer Bernstein, Retinit aus Jantardach/Tajmyr (auf der Grundlage von 598 Stücken nach ZHERIKHIN & SUKATSCHEVA 1973)
Kanadischer Bernstein (auf der Grundlage von 420 Stücken nach MCALPINE & MARTIN 1969 und POINAR 1992)
Bernstein aus Frankreich (auf der Grundlage von SCHLÜTER 1978)
Sizilianischer Bernstein oder Simetit (auf der Grundlage von KOHRING & SCHLÜTER 1989)

Über 20 Milben (Acari) im protonymphalen Entwicklungsstadium; eine Milbe etwa 0,5 mm. Baltischer Bernstein vom Samland. Coll. Museum der Inklusen, Univ. Gdańsk/Polen (Danzig). Geschenk v. W. Kalandyk. Foto: E. SONTAG

Pflanzensauger der Ordnung Auchenorrhyncha, Familie Cixiidae, in Bitterfelder Succinit; ca. 4–5 mm.
Foto: M. Barthel

Vertreter der Silberfischchen-artigen (Zygentoma = Thysanura s.str., Zottenschwänze) ca. 60 x.
Foto: M. Barthel

Ein Chilopode (Hundertfüßer) der Familie Lithobiidae (Steinläufer). Körperlänge: 7,9 mm. Baltischer Bernstein. Coll. Museum für Naturgeschichte der Universität Białystok/Polen.
Foto: J. Kupryjanowicz

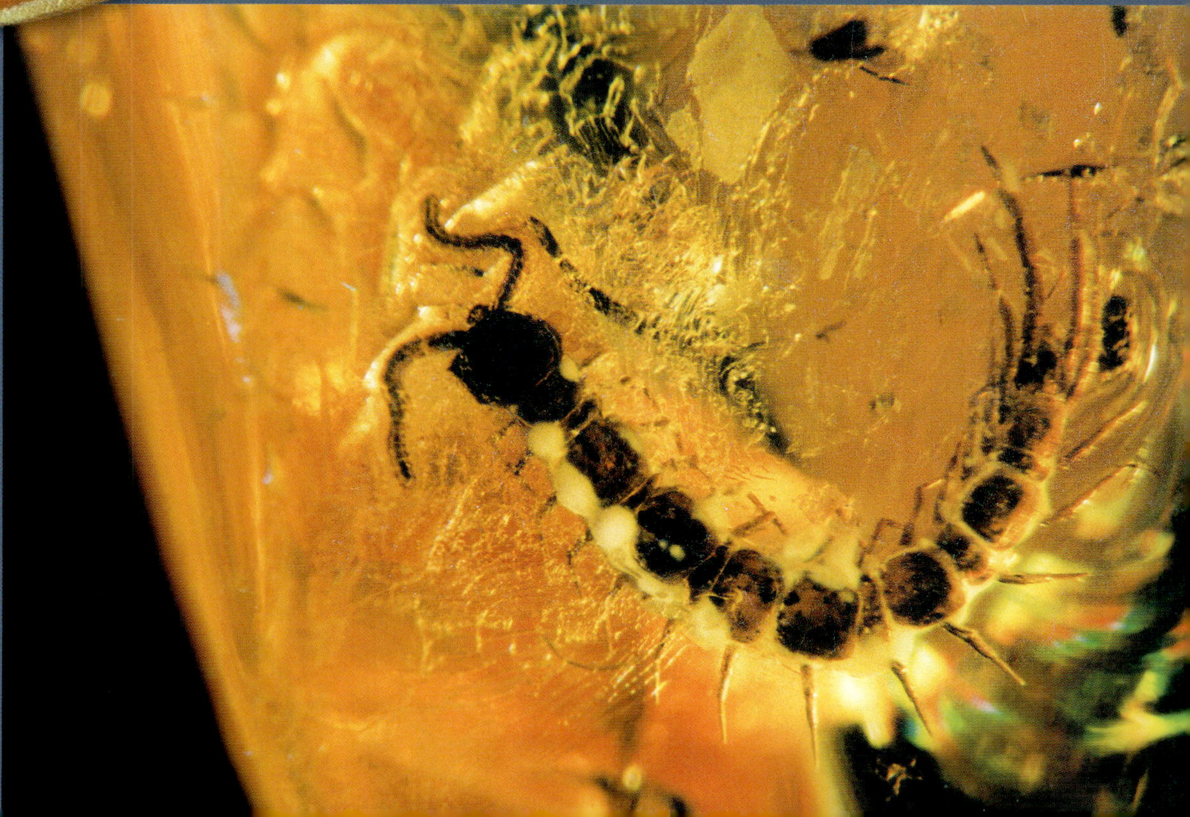

Zusammensetzung der Bernsteinfaunen (Inkluseninhalte)

Verglichen mit der im Bernstein überlieferten Pflanzenwelt ist die Tierwelt der Inklusen an Gattungen und Arten ungleich reicher. In der Literatur gibt es darüber zahlreiche zusammen- fassende Darstellungen, die auf die Verhältnisse im einzelnen eingehen. Es sollen hier einige der wichtigsten Autoren genannt werden.
BÖLSCHE (1927); ANDRÉE (1937, 1951); BACHOFEN-ECHT (1949,1996); HARDT (1954); ZHERICHIN und SUKATSCHEWA (1973, 1990); LARSSON (1978); SCHLEE und GLÖCKNER (1978); SCHLÜTER (1978); SCHLEE (1954, 1980, 1984, 1986, 1990); SPAHR (1981–1991); KEILBACH (1982); KOHRING und SCHLÜTER (1989); SCHUMANN und WENDT (1989); RITZKOWSKI (1990, 2001); KRZEMIŃSKA, KREMIŃSKI, HAENNI und DUFOUR (1992); POINAR (1992, 1999); POINAR und MILKI (2001); WEITSCHAT und WICHARD (2002, 2004).
Eine ins Detail gehende Besprechung der einzelnen Tiergruppen würde den Rahmen dieser Darstellung sprengen. Die beiden Tabellen (Tab. S. 81/82 sowie Abb. S. 79) vermitteln einen Überblick über die systematische Vielfalt der Bernsteinfauna, wie er sich heute aus der Literatur annähernd ergibt.

Stratigraphie	Kreide							Tertiär					
Geologisches Alter (absolutes Alter in Mio. Jahren)	130	112-92	110	95	90	80	75	45	40	35	30	24	20
Fundgebiete (Vorkommen) P Spcl. Cl. O (Systematik)	Libanon	Burma	Sibirien (Taimyr) (Jantardach)	Frankreich	Alaska	USA, New Jersey	Kanada	China (Fushun)	Baltikum (Polen, Rußland)	Dominikan. Rep.	Mexiko (Chiapas)	Bitterfeld	Sizilien
Bacteria (Bakterien)			X										
Protozoa (Einzeller)							X						
Vermes (Würmer)						X			X			X	
Tardigrada (Bärtierchen)						X	X			X			
Gastropoda (Schnecken)	X	X							X			X	
Arthropoda (Gliederfüßer)													
Chelicerata (Fühlerlose)		X				X							
Arachnida (Spinnentiere)	X		X	X			X		X	X	X	X	X
Scorpiones (Skorpione)		X							X	X			
Aranea (Webespinnen)	X	X	X	X		X	X		X	X	X	X	X
Pseudoscorpiones (Pseudoskorpione)	X	X							X	X	X	X	X
Acarina (Milben)	X	X	X	X		X	X		X	X	X	X	X
Opiliones (Weberknechte, Kanker)				X					X	X		X	X
Diantennata													
Crustacea (Krebse)							X	X	X	X		X	
Isopoda (Asseln)									X				
Antennata													
Chilopoda (Hundertfüßer)									X	X		X	
Insecta (Insekten, Kerbtiere)	X		X	X	X	X	X	X	X	X	X	X	X
Diplopoda (Doppelfüßer)												X	
Chilognatha (Tausendfüßer)									X	X	X	X	
Amphibia (Lurche)										X			
Reptilia (Kriechtiere)		X							X	X	X	X	
Aves (Vögel)	X						X		X				
Mammalia (Säugetiere)			X						X	X	X	X	

Die in fossilen Harzen (Auswahl) nachgewiesenen Stämme (P), Klassen (Cl., Spcl. = Überklasse) und z.T. Ordnungen (O) (nach Literaturangaben, Stand 2004), Systematik nach KAESTNER, A. (1993) u.a.

Stratigraphie	Kreide							Tertiär					
Insekten, *incerta sedis*	x		x	x	x	x	x	x	x	x	x	x	x
Diplura (Doppelschwänze)									x	x	x		
Collembola (Springschwänze)	x	x					x		x	x	x	x	x
Archaeognatha (Felsenspringer)	x	x				x	x		x	x		x	
Zygentoma (Fischchen)		x							x			x	x
Ephemeroptera (Eintagsfliegen)	x	x	x			x			x	x		x	
Odonata (Libellen)	x								x	x			
Plecoptera (Steinfliegen, Uferbolde)			x						x	x		x	
Embioptera (Fersenspinner, Tarsenspinner, Spinnfüßer)									x	x	x		x
Dermaptera (Ohrwürmer)		x							x	x	x	x	
Mantodea (Fangheuschrecken, Gottesanbeterinnen)		x				x			x	x		x	
Blattodea (Schaben)	x	x	x	x		x	x	x	x	x	x	x	x
Isoptera (Termiten)	x	x	x	x		x			x	x	x	x	x
Phasmatodea (Stab- oder Gespensterheuschrecken)									x				x
Ensifera (Laubheuschrecken und Grillen)	x			x					x	x	x	x	
Caelifera (Feldheuschrecken)									x		x		
Zoraptera (Bodenläuse)										x		x	
Psocoptera (Staubläuse, Flechtlinge)	x	x	x	x		x	x		x	x	x	x	x
Phthiraptera (Tierläuse)									x	x			
Thysanoptera (Fransenflügler, Blasenfüße)	x	x	x			x	x		x	x	x	x	x
Thysanura (Borstenschwänze)			x						x	x	x		
Hemiptera (Schnabelkerfe)	x					x							
Auchenorrhyncha (Zikaden)	x					x	x		x	x	x	x	x
Sternorrhyncha	x		x		x	x	x		x			x	x
Heteroptera (Wanzen)	x	x	x			x	x		x	x	x	x	
Neuropteroidea (Netzflügelartige)	x	x	x	x		x			x	x	x	x	
Planipennia (Echte Netzflügler, Hafte)						x			x			x	
Coleoptera (Käfer)	x	x	x	x		x	x		x	x	x	x	x
Hymenoptera (Hautflügler)	x	x	x	x	x	x	x	x	x	x	x	x	x
Trichoptera (Köcherfliegen)	x	x	x			x	x		x	x	x	x	
Lepidoptera (Schmetterlinge)	x	x	x	x		x	x		x	x	x	x	
Mecoptera (Schnabelflügler)									x		x		
Diptera (Zweiflügler)	x	x	x	x	x	x	x	x	x	x	x	x	x
Siphonaptera (Flöhe)									x	x		x	
Strepsiptera (Fächerflügler)									x	x		x	
Raphidioptera (Kamelhalsfliegen)		x				x			x				
Mantophasmatoda (Gladiatoren)									x				

Die in fossilen Harzen (Auswahl) nachgewiesenen Ordnungen bzw. Unterordnungen der Insekten (nach Literaturangaben, Stand 2003). Systematik nach K*AESTNER*, *A. (1973, 1993)*

Pseudoskorpion aus der Ordnung der Pseudoscorpiones (Bücherskorpione) in Bitterfelder Succinit. Bewohner der Rinde von Bäumen und der Bodenauflage. Länge: etwa 4 mm. Foto: P. Müller

Ein Käfer (Coleoptera) der Familie Mordellidae (Stachelkäfer). Deutlich der Stachel am Abdomen. Körperlänge: 2,5 mm Baltischer Bernstein. Coll. J. Kurpryjanowicz. Foto: J. Kupryjanowicz

Männchen (♂) einer Chironomidae (Zuckmücken) (Diptera-Zweiflügler). Kopfbereich mit Antennen. Körperlänge: 1,5 mm. Baltischer Bernstein. Coll. A. Wiszniewski.
Foto: J. Kupryjanowicz

Ameise (Arbeiterin; Hymenoptera = Hautflügler) aus der Familie Formicidae, z. T. umgeben von Phlom in Bitterfelder Succinit; etwa 6 mm. Foto: P. Müller

Larve einer Schabe (Blattodea) mit charakteristischen, vielgliedrigen walzenförmig angeschwollenen Gliedern der Fühler. Körperlänge: 4,2 mm, Fühlerlänge: etwa 5 mm. Baltischer Bernstein, Coll. A. Wiszniewski. Foto: J. Kupryjanowicz

Eine Eidechse, Succinilacerta succinea (Boulenger, 1917) Böhme und Weitschat 1998, in einem durchsichtigen Stück baltischem Bernstein (Neufund 1997). Deutlich erkennbar sind Kopf mit dem rechten, durch das Lid bedeckten Auge, rechte vordere und hintere fünfstrahlige Extremität sowie die z. T. mit Warzen bedeckten polygonalen Schuppen am Schwanz, den Extremitäten und dem Kopfbereich. Länge des Stückes: etwa 3,7 cm. Fundort: Gdańsk-Stogi, Polen; Holozäne Strandsedimente.
Foto: G. Gierłowska

Eidechse Succinilacerta succinea (Boulenger, 1917) Böhme & Weitschat 1998. Schwanz- und Beckenbereich des Eidechsenkörpers mit Ansatzstelle der rechten hinteren Extremität. Deutlich erkennbar sind verschiedene Formen der Schuppen (rektangular, tuberkulat) des Eidechsenpanzers. Länge: etwa 1,5–2 mm. Fundort: Gdańsk-Stogi, Polen. Holozäne Strandsedimente.
Foto: G. Gierłowska

Die beiden Tabellen (s. S. 81-82) nennen einmal die Klassen des Tierreiches und zum anderen die Insekten-Ordnungen, die in den bedeutendsten Harzfundstellen nachgewiesen wurden. Dabei zeigt sich, daß bisher alle systematischen Kategorien durch Funde belegt wurden und daß sie speziell im Baltischen, Dominikanischen, Mexikanischen und Bitterfelder Bernstein besonders vollständig aufgefunden wurden. Die Insekten, aber auch die Spinnentiere (Arachnida), stellen das Gros an Inklusen und sind nahezu aus allen Harzfundstellen bekannt.

Die Bernsteinflora

Man kennt heute etwa 216 Pflanzenarten aus dem Baltischen Bernstein. Systematisch ist darüber relativ wenig bekannt, obwohl in vielen Sammlungen eine Fülle von Inklusen vorliegt, hauptsächlich Holzreste, Nadeln, Blätter, auch Knospen, Blüten, Pollen und Früchte. Die niederen Pflanzen sind durch Pilze, Flechten und verschiedene Moosarten vertreten. Farne (Pteridophyten) sind selten. Nacktsamer (Gymnospermen) werden vornehmlich durch eine große Zahl von 44 Nadelhölzern repräsentiert, wie Zypressen, Eiben, Araukarien und Kiefern. Unter den Bedecktsamern (Angiospermen) überwiegen die zweikeimblättrigen Blütenpflanzen (38 Familien, 57 Gattungen, 101 Arten). Auffallend zahlreich sind die Laubbäume, am artenreichsten die Eichen. Stern- oder Büschelhaare junger Eichenknospen finden sich oft massenweise in den Schlauben. Sie wurden vom Wind in das klebrige Harz geweht. Zusammenstellungen bisher bekannt gewordener Pflanzenreste finden sich für den Baltischen Bernstein bei ANDRÉE (1951); CZECZOTT (1961); GROLLE (1980-2004) (Lebermoose) und PIELIŃSKA (2001, 2003 a, b) und für den Dominikanischen Bernstein bei SCHLEE (1984); POINAR (1992) und WU (1998).

Erfreulicherweise hat der Dominikanische Bernstein in den letzten Jahren zahlreiches neues Pflanzenmaterial als Inklusen geliefert, das einen tiefergehenden Einblick in den botanischen Aufbau der „Bernsteinwälder“ (SCHLEE 1986) vermittelt.

Die überlieferte Flora ist die bisher reichhaltigste sowohl in der Vielfalt als auch in der Menge. Vielfach sind an den einzelnen Pflanzenteilen morphologische Strukturen wie Staubfäden, Blütenblätter und Fruchtknoten erkennbar (BARTHEL und HETZER 1982) ebenso passive Pflanzenbewegungen, hervorgerufen durch Fließen des Harzes, sowie aktive Bewegungen bei Mimosen oder bei Rankenpflanzen (SCHLEE 1980).

Die Bestimmung der pflanzlichen Inklusen im Bernstein ist oft sehr schwierig, trotzdem hat man inzwischen eine gute Vorstellung davon, wie die den Bernstein und andere fossile Harze liefernden Wälder des Tertiärs ausgesehen haben. Anschauliche und instruktive Lebensbilder dieses Bernsteinwaldes finden sich in vielen Veröffentlichungen: SCHLEE (1986); BÖHNISCH und SCHNEIDER (1995); KRZEMIŃSKA, KRZEMIŃSKI, HAENNI und DUFOUR (1992); GRIMALDI (1996); KOHLMAN-ADAMSKA (1997, 2001); ROSS (1998); FRELLO (1998); POINAR und POINAR (1999); WEITSCHAT und WICHARD (2004).

Zuckmücke (Familie Chironomidae), männliches Exemplar, in Bitterfelder Succinit, ca. 2,5–3 mm. Foto: M. BARTHEL

Wissenschaftliche Bedeutung der Inklusen

Die Analyse der fossilen Flora und Fauna im Bernstein kann in vielerlei Hinsicht für die Biowissenschaften und die Paläontologie zu wichtigen Erkenntnissen führen. So erlauben die Bernsteinfossilien einen Vergleich der Lebensformen der geologischen Vergangenheit mit den weiterentwikkelten heutigen Lebewesen. Die Bernsteinfossilien vermitteln bedeutende Informationen über den Ursprung, die Fortdauer oder das Aussterben verschiedenster Taxa im erdgeschichtlichen Zeitablauf.

Die Verbreitung der Organismengruppen in den verschiedenen Zeitabschnitten der Erdgeschichte erlaubt Aussagen über ihre Biogeographie. Schließlich ermöglicht ein detailliertes Studium der Inklusen Aussagen zur Paläoökologie, d. h. zur fossilen Umwelt und den Biotopen während der Periode der Harzabscheidung (POINAR 1992).

Die Bestimmung der morphologischen Merkmale einer Inkluse ermöglicht ihre Einordnung in das pflanzliche bzw. tierische System. Dadurch ist der Vergleich mit anderen fossilen, aber auch rezenten Arten möglich, der Auskunft über die verwandtschaftlichen Beziehungen gibt. Und diese wiederum lassen Rückschlüsse zu Evolution und Stammesgeschichte zu.

Morphologische Strukturen sagen ferner etwas zur Funktion, d. h. zur Biologie und Lebensweise der Organismen. Die artenmäßige Zusammensetzung und die Häufigkeit des Auftretens lassen Rückschlüsse auf paläoklimatische und andere paläoökologische Verhältnisse zu, wie sie im Bernsteinwald herrschten. Weitere Hinweise über die Bedeutung der Inklusen finden sich bei SCHUMANN und WENDT (1989) sowie POINAR (1992).

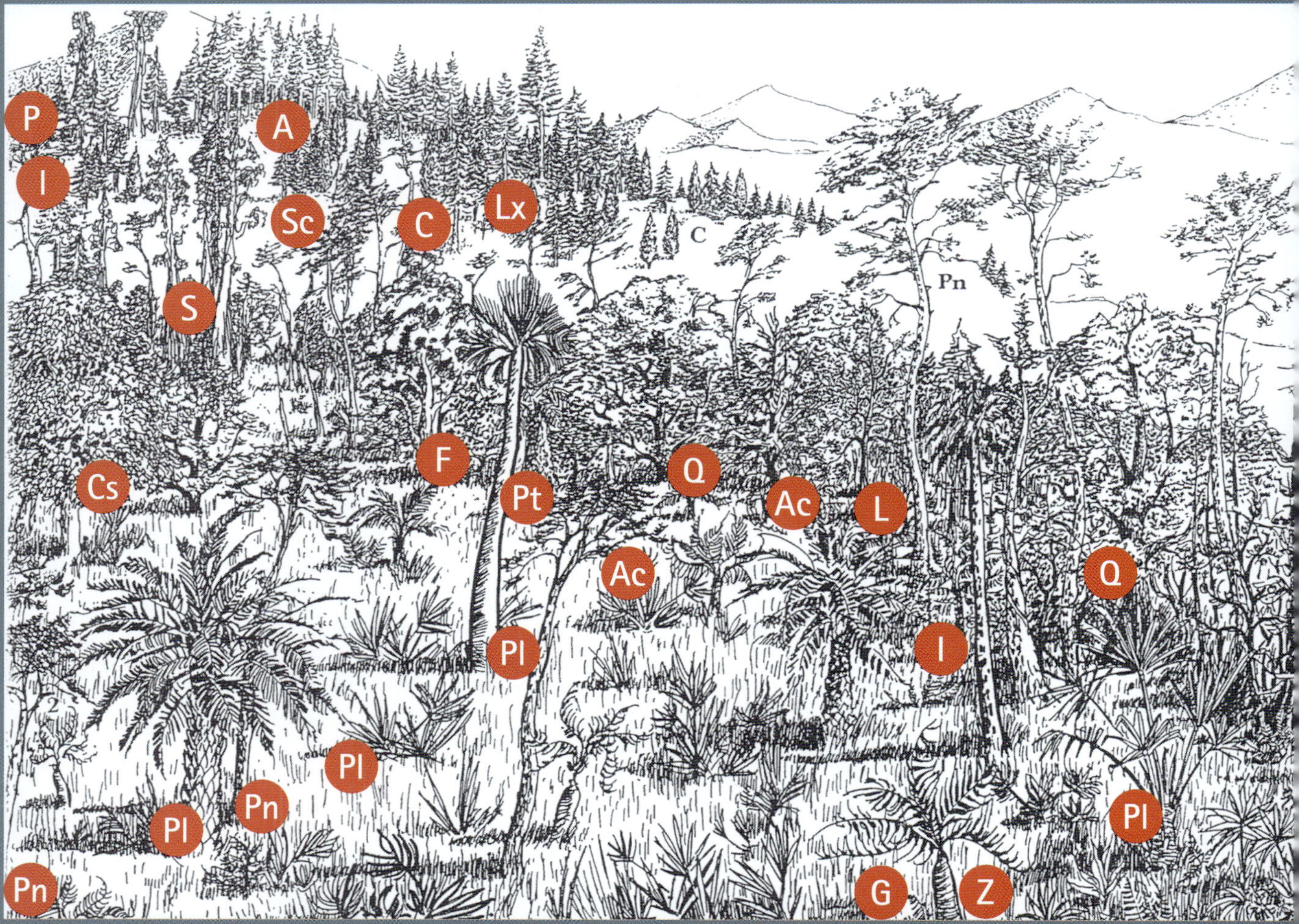

Lebensbild (Ausschnitt) des zeitgenössischen dänischen Malers Otto Frello *(geb. 1924). Oksbølbilledet „Der Bernsteinwald" 1998 im Bernsteinmuseum Oksbøl-Varde, Dänemark.*
Alle dargestellten Pflanzen, Insekten und anderen Tiere des Gemäldes sind wissenschaftlich durch Inklusen, fossile Abdrücke und echte Fossilreste dokumentiert (vgl. Krumbiegel *und* Krumbiegel *2001).*

Rekonstruktion der Waldgemeinschaften des frühen Tertiärs auf der Grundlage von Inklusen im Baltischen Bernstein.

1. Koniferenwälder der höheren Gebirgsregionen:	
S	*Sequoia* (Mammutbaum)
A	*Abies* (Tanne)
P	*Picea* (Fichte)
Lx	*Larix* (Lärche)
Sc	*Sciadopitys* (Schirmtanne) Cupressaceae: Zypressengewächse
C	*Chamaecyparis* (Weißzeder) *Libocedrus* (Flußzeder) *Thuja* (Thuja-) Lebensbaum
2. Pinien-Palmen-Eichen-Steppenwälder der niederen Gebirgsregionen	
Pn	*Pinus* (Kiefer)
Pl	Palmae (Palmen)
Q	*Quercus* (Eiche)
L	Lauraceae (Lorbeergewächse)
Ac	*Acer* (Ahorn)
M	*Magnolia* (Magnolie)
Cs	*Castanea* (Kastanie)
F	*Fagus* (Buche)
J	*Ilex* (Stechpalme)
Pt	Pittosporaceae (Klebsamengewächse)
Z	*Zamia* (Zapfenpalme)
G	Gramineae (Süßgräser)
3. Humide Wälder der Flußtäler mit Glyptostrobus	
G	*Glyptostrobus* (Gattung der Pinaceae)
Mr	Myricaceae (Gagelstrauchgewächse)
Cl	Clethraceae (Scheinellergewächse)
Sl	Salicaceae (Weidengewächse)
Cn	Connaraceae (Seifenbaumgewächse)

(Autor: A. Kohlman-Adamska, Zeichnung: N. Kopczyński) Muzeum Ziemi/PAN – Museum der Erde der Polnischen Akademie der Wissenschaften, Warszawa/PL – Warschau/PL 1999/2001

Einige Kanäle mit Luft und Wasser gefüllt oder Verschmelzungen von Luftblasen. Pseudoinklusen – Scheininklusen, die nur wie pflanzliche Reste oder Moose aussehen. Länge: 3–15 mm; Breite: 0,3–2 mm. Baltischer Bernstein. Coll. Museum der Bernsteininklusen, Univ. Gdańsk/Polen (Danzig). Foto: E. Sontag

Knospenhaare, sog. Sternhaare von Knospenschuppen der Gattung Quercus sp. (Eiche) in Bitterfelder Succinit; Größe: 1/2 – 1 mm. Foto: G. Krumbiegel

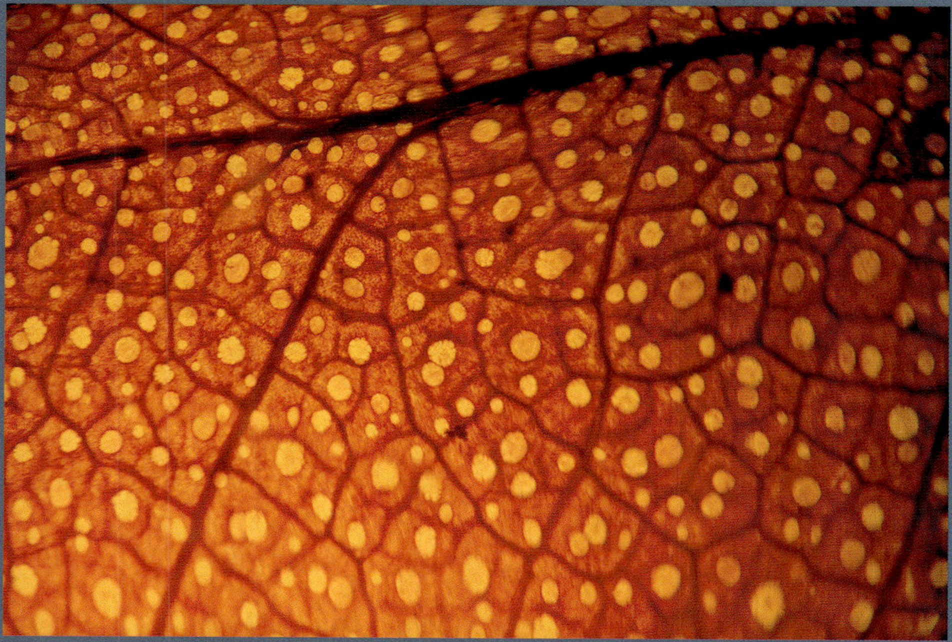

Pflanzliche Inkluse aus dem Dominikanischen Bernstein; Epidermis eines Blattes mit Spaltöffnungen. Foto: R. M. Meyer

Schneckengehäuse (Gastropoda: Pulmonata (Lungenschnecken)); etwa 3mm. Baltischer Bernstein vom Samland; Coll. Museum der Bernsteininklusen. Univ. Gdańsk/Polen (Danzig). Geschenk von J. Ferec. Foto: E. Sontag

Lebensbild (Ausschnitt) des zeitgenössischen dänischen Malers Otto Frello *(geb. 1924). Oksbølbilledet „Der Bernsteinwald“ 1998 im Bernsteinmuseum Oksbøl-Varde, Dänemark. Alle dargestellten Pflanzen, Insekten und anderen Tiere des Gemäldes sind wissenschaftlich durch Inklusen, fossile Abdrücke und echte Fossilreste dokumentiert (vgl.* Krumbiegel *und* Krumbiegel *2001).*

Der Ausschnitt zeigt einen verlandenden Moorsee mit Schilf sowie eine Eidechse und eine Sumpfschildkröte. Rechts ist an der Basis des Stammes eine stark harzende (Succinose) Bernsteinkiefer zu sehen.
Foto: G. Krumbiegel

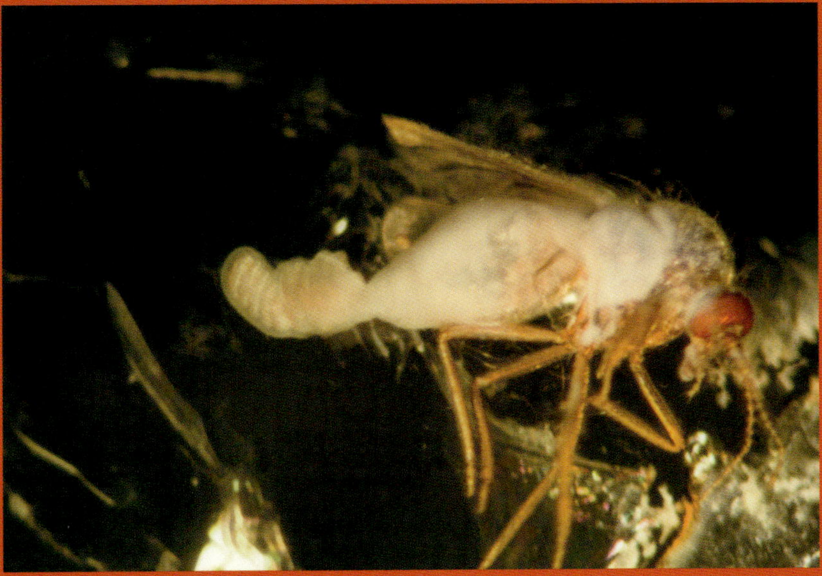

Gnitze (Diptera: Ceratopogonidae): Farcipomyia sp. – Weibchen (♀); eierlegend, mit Phlom (Koagulation von Körperflüssigkeit); eine Fliege etwa 4 mm. Baltischer Bernstein. Coll. Museum der Bernsteininklusen, Univ. Gdańsk/Polen (Danzig). Geschenk von Ch. u. H. Hoffeins.
Foto: E. Sontag

Springspinne (Salticidae) (Arachnida); etwa 8 mm. Baltischer Bernstein. Coll. Museum der Bernsteininklusen Univ. Gdańsk/Polen (Danzig).
Foto: E. Sontag

Springspinne (Salticidae) (Arachnida: Araneae); Vorderansicht mit Augen; etwa 6 mm. Baltischer Bernstein. Coll. J. Serafin.
Foto: E. Sontag

Langbeinfliege (Diptera: Dolichopodidae) – Männchen (♂); etwa 4 mm; Privatsammlung.
Foto: E. Sontag

Schnepfenfliege (Diptera) aus der Familie der Rhagionidae, die relativ häufig feuchte und windstille Plätze von Waldgebieten bewohnten; Bitterfelder Succinit; ca. 6 mm.
Foto: P. Müller

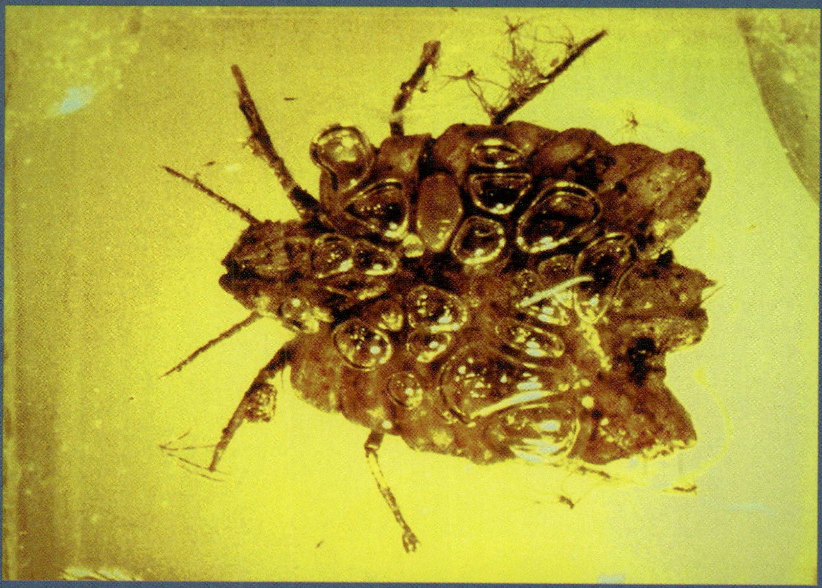

Eine Schildlaus (Familie Ortheziidae, Coccoidea) umgeben von Sternhaaren der Eiche und Gasblasen aus dem Baltischen Bernstein. Zoologisches Museum, Univ. Krakau.
Foto: J. Koteja/Rapin

Langbeinfliegen (Diptera: Dolichopodidae) in Kopula (Begattung); eine Fliege etwa 4 mm. Baltischer Bernstein. Coll. Museum der Bernsteininklusen, Univ. Gdańsk/Polen (Danzig); Geschenk v. J. Ferec.
Foto: E. Sontag

Bernstein in der Kunst

Schon immer hat der Bernstein, das fossile pflanzliche Harz des Baltikums, in der Menschheitsgeschichte, insbesondere in der Kunst- und Kirchengeschichte, eine herausragende Rolle gespielt. So entstanden bereits 1302 in Brügge und 1310 in Lübeck die ersten Bernsteindreherzünfte, die sog. Paternostermacher, Hersteller von Rosenkränzen für die Bevölkerung.

Die sich in Nordeuropa im 16. Jahrhundert ausbreitende Reformation bewirkte zwar neben großen sozialen Umwälzungen auch bedeutende Veränderungen in der Kunst, jedoch blieb das Klosterhandwerk eine Hochburg der religiösen Kunst. Eine der schönsten Skulpturen aus dieser Epoche ist die im Jasna Gora-Kloster (Lichter-Berg) in Tschenstochau/ Polen befindliche „Madonna auf der Mondsichel" aus der Bernsteinwerkstatt des Zisterzienserklosters von Oliwa bei Gdańsk. Im 17. Jahrhundert entstanden aus Bernstein, verbunden mit Elfenbein, geschnitzte Miniaturszenen mit Ereignissen und Gestalten aus dem Alten und Neuen Testament. Wunderbare Werke der Bernsteinkunst sind außerdem Schatullen, Reliquienschränke, kleine Altäre und Madonnen, besonders aus Werkstätten in Gdańsk (Danzig) und Kaliningrad (Königsberg). Diese wenigen Beispiele genügen, um auf die historische Bedeutung des Bernsteins in der frühen Kunst hinzuweisen. Nachfolgend sollen einige Beispiele modernster Kunst aus Polen genannt werden, bei denen es sich um Einmaligkeiten, sog. Unikate, handelt.

Nahezu 300 Jahre dauerte es in Polen, bis der Bernstein wieder Einzug und Heimkehr in die Kunst der Gotteshäuser fand. Als erstes Kunstobjekt soll hier das Bernsteinkruzifix für Papst Johannes Paul II genannt werden, das 1999 auf der AMBERIF ´99 (Internationale Bernsteinmesse in Gdańsk) gezeigt wurde. Es ist ein Kruzifix aus Bernstein, Silber und Edelholz, hergestellt von Mariusz Drapikowski, einem Danziger Kunsthandwerker. Es wurde anläßlich des Papstbesuches in Polen diesem überreicht und befindet sich heute im Vatikan-Museum in Rom (Drapikowski 2000; Krumbiegel und Krumbiegel 2001; Krumbiegel 2002).

Ein zweiter sakraler Gegenstand ist die Bernsteinmonstranz der St. Brigitten-Basilika in Gdańsk. Sie wurde ebenfalls von Mariusz Drapikowski angefertigt und erstmals am 1. Januar 2000 anläßlich des Jubiläums „2000 Jahre Christentum" gezeigt.

Die Monstranz ist reich an ikonographischen und figürlichen Schmuckelementen. Sie stellt einen Lebensbaum dar, an dessen Wurzeln die Figuren von Maria und Maria Magdalena zu sehen sind. Gekrönt wird das ganze von einem Kruzifix. Der mit verschiedenartigen religiösen Kreuzen verzierte Fuß der Monstranz trägt im oberen Teil die Inschrift des Mottos der Heiligen Brigitta von Schweden: „Amor meus crucifixus est" und ist verziert mit unterschiedlichen Schmuckelementen aus Bernsteinschnitzereien: das Wappen der Republik Polen, das Stadtwappen von Gdańsk, das Wappen des Ordens vom Heiligen Erlöser, das Wappen der Pfarrei der St. Brigitten-Kirche der Altstadt von Gdańsk und das Adelswappen des Prälaten Priester Henryk Jankowski. Das Zentrum der Monstranz bildet der Behälter für die Hostie, der heilige Monstranz-"Tropfen" aus einem tropfenförmigen homogenen durchscheinenden Bernstein, umrahmt von prachtvollen weißen Bernsteinstücken und Schmucksteinen. Als Material für die Monstranz wurden hauptsächlich Bernstein (auch solcher mit tierischen Inklusen), Silber mit Gold sowie verschiedene Schmucksteine (z. B. Zirkon, Rubin) verarbeitet. Die Höhe der Monstranz beträgt 1,74 m, ihr Gewicht 32 kg; ein wahrhaft beeindruckendes sakrales Kunstwerk, das hier geschaffen wurde (Adamek 2000,; Drapikowski 2000).

Ebenso große Bedeutung wie in der Sakralkunst spielte und spielt der Bernstein heute in der modernen Schmuckindustrie. Seit 1994 findet daher jährlich in Gdańsk-Oliwa die AMBERIF (Internationale Bernsteinmesse) statt. Über 1000 internationale Verkäufer aus mehr als 40 Ländern präsentieren hier sowohl handgearbeiteten als auch maschinell hergestellten Bernsteinschmuck. Allein in der Danziger Region sind mehr als 7000 Personen in diesem sich rasant entwickelnden Industriezweig beschäftigt. 85 % der Produktion werden exportiert; sie entsprechen 60 % der Bernstein-Weltproduktion (Gierłowski 1999). Zu sehen sind einmalige und exklusive Sammlungen und Exponate aus Bernstein, die sich durch ihre prächtigen Farben, ihre Formenvielfalt und ihre Verarbeitung auszeichnen. Ein solches Unikat ist das Millenium-Fabergé-Danzig-Bernstein-Ei. Dieses Ei gehört zu den berühmtesten Goldschmiedearbeiten der Neuzeit und wurde anläßlich der 1000-Jahrfeier der Stadt Danzig (997–1997) von der Juwelenmanufaktur Victor Mayer in Pforzheim hergestellt. Das zwölf cm hohe Danzig-Ei ist in 18 kt Gold mit Bernstein, Email, Diamanten, Rubinen und Saphiren gearbeitet. Die limitierte Auflage beträgt zehn Stück (Krumbiegel und Krumbiegel 2001). Ein goldenes Fischernetz umschließt einen eiförmigen Bernstein, der das Gold der Ostsee symbolisiert. Das Ei trägt ein in rotem Feueremail gearbeitetes Wappen der Stadt Danzig und ruht auf einem von goldenen Löwen getragenen Bernsteinfuß. Das Kunstobjekt ist ein kosmopolitisches Produkt der polnischen Bernsteinindustrie, das die deutsch-polnischen Beziehungen und die Freundschaft beider Länder fördern und intensivieren soll.

Replik eines Florentiner Pietra dura-Mosaikbildes mit der Allegorie des Tast- und Geruchsinnes im B steinzimmer in Zarskoje Selo. Entwurf: Giuseppe Zocchi (1711 – 1767); Florenz, 1751. Material bilde Gesteine und Mineralien vom Territorium Rußlands: Chalzedon, Jaspis, Lapislazuli, Marmor, Onyx, Schiefer, Serpentin. 45 x 61 ohne Rahmen.
(Im Bernsteinzimmer befanden sich vier solcher Mosaike, die Allegorien der fünf Sinne: Sehen, Rieche Fühlen, Hören, Schmecken)
Foto: Archiv Zarskoje Selo; A-Nr. 7 (Ruhrgas Essen)

Die Monstranz der St. Brigitten-Kirche in Danzig. Sie wurde von Mariusz Drapikowski, Gdańsk, angefertigt und erstmalig am 1. Januar 2000 anläßlich des Jubiläums „2000 Jahre Christentum“ gezeigt. Die Monstranz ist reich an ikonographischen und figürlichen Schmuckelementen. Am Fuße des „Lebensbaumes“ die Figuren von Maria und Maria Magdalena.
Größe: Höhe 174 cm;
Material: Bernstein und Silber mit Gold sowie verschiedene Schmucksteine.
Foto: M. Mazurkiewicz.
Nach einer Ansichtskarte der „Amber Association of Poland“.

Fabergé Bernstein-Ei
1000 Jahre Gdańsk (1997)
Foto: H. Mohr-Mayer

Das Bernsteinzimmer in St. Petersburg

Das „Bernsteinzimmer“ im Katharinenpalast von Zarskoje Selo (Puschkin) bei St. Petersburg/Rußland, oft als 8. Weltwunder bezeichnet, ist ein Symbol der deutsch-russischen Beziehungen (1716). Es ist eines der imposantesten und künstlerisch prachtvollsten Bernstein-Kunstprodukte und ein Wunderwerk der Menschheits- und Kunstgeschichte. (Kawecki und Rusak 1997; Sergeewna 1990; Bruhn 1999; Rachoń und Gierłowski 2000; Owsjanow 2002; Meschdunarodnaja Konferenzija 2003; Semjonowa und Minin 2003).

Unter geheimnisvollen Umständen wurde es im Zweiten Weltkrieg 1941, in 27 Kisten verpackt, aus St. Petersburg evakuiert und nach Königsberg (Kaliningrad) gebracht, wo sich seine Spur 1944/1945 verliert. Bis heute halten sich unzählige Theorien, Mythen und Legenden über das wirkliche Schicksal dieses Kunstwerks.

Jahrzehntelang versuchte man auf der Basis von alten Fotografien und Archivunterlagen dieses Kunstwerk zu rekonstruieren; es mangelte sowohl an finanziellen Mitteln, als auch an ausreichendem Bernsteinmaterial. Seit 1979 bemühten sich russische Restauratoren und Präparatoren um die Wiederherstellung des einzigartigen Kunstwerks. Ende der 90 Jahre kamen die Restaurierungsarbeiten endlich in Gang und wurden großzügig durch Sponsoren unterstützt, z.B. die Ruhrgas AG. Am 31. Mai 2003 war es vollendet; zum 300. Gründungstag von St. Petersburg erstrahlte das Bernsteinzimmer wieder in altem Glanz (Semjonowa und Minin 2003).

Restaurationsarbeiten an einer Wandtafel (Panele) in der Bernsteinwerkstatt in Zarskoje Selo, St. Petersburg. Seit 1979 sind russische Restaurationsexperten dabei das Bernsteinzimmer nach Fotos und anderen Unterlagen originalgetreu mit z. T. neu entwickelten Präparationsmethoden wiederherzustellen. Foto: Archiv Zarskoje Selo; A-Nr. 9 (Ruhrgas Essen)

Details des großen Bernsteinrahmens der Nordwand des Bernsteinzimmers (Miniaturmedaillons, Rahmenverzierungen)
FOTO: ARCHIV ZARSKOJE SELO; A-NR. 4 (RUHRGAS ESSEN)

Kandelaber-Uhr in Form eines Baumes mit Porzellanblüten und 4 Kerzenhaltern von Georges Causard, tätig in Paris von 1755 – 1789. Bronze vergoldet; bemaltes Metall, Porzellan, polychrome Bemalung. Im Hintergrund rechts und links Teile von Wandpanelen. Konsoltisch (Rekonstruktion) „Bernsteinwerkstatt Zarskoje Selo", 1994. Bernstein und Holz. FOTO: ARCHIV ZARSKOJE SELO; A-NR. 03.96, BSZ

Institutionen und Museen (Auswahl)

In den nachfolgend genannten Institutionen und Museen wird eine Vielzahl historischer Bernstein- und Harzsammlungen aufbewahrt, die durch Neuaufsammlungen laufend ergänzt und bereichert werden. Sie bilden heute die Grundlage und optimale Voraussetzung für wissenschaftliche Untersuchungen zur Erweiterung und Verbreitung der Kenntnisse und Erkenntnisse über fossile Harze, insbesondere Bernstein (vgl. Abb., S. 11 und 99) (s. KRUMBIEGEL u. KRUMBIEGEL 2001).

Fundgebiet	Harzart	Ca.-Anzahl der vorh. Stücke
Deutschland		
Museum für Naturkunde der Humboldt-Universität zu Berlin; Paläontologisches und Zoologisches Museum	B, S,	20000
Geologisch-Paläontologisches Institut und Museum der Universität Göttingen (Restbestände der ehemaligen Königsberger Bernstein-Sammlung) Geowissenschaftliches Zentrum (GWZ).	B	17557
Universität Tübingen, Geologisch-Paläontologisches Institut und Museum	Li	
Geologisch-Paläontologisches Institut und Museum der Universität Hamburg	B. Born	400
Geologisches Institut und Museum der Universität Kiel	B	
Wanderndes Museum der Universität Kiel	B	Ss
Geiseltalmuseum der Martin-Luther-Universität Halle-Wittenberg in Halle/S.	B, S	1000
Staatliches Museum für Naturkunde Stuttgart, Museum am Löwentor	B Dom, Li	2500 7600
Deutsches Bernsteinmuseum Ribnitz-Damgarten		Ss
Schaumanufaktur Ostsee-Schmuck/Ribnitz-Damgarten		Ss
Bernstein-Galerie E, Ribnitz-Damgarten		Ss
Bernsteinhaus-Goldschmiede an der Kirche, Jochen Jahnke; Ribnitz-Damgarten		Ss
Bernsteinmuseum Bad Füssing/Niederbayern, vormals Amber Museum Inc. San Francisco/USA		Ss
Staatliche Kunstsammlungen Dresden, Das Grüne Gewölbe	B	Ss
Zoologische Staatssammlung München	B	
Natureum Niederelbe Balje/Neuhaus		Ss
Kreismuseum Bitterfeld („Bernsteinkeller")	B	Ss
Polen		
Museum der Erde, Polnische Akademie der Wissenschaften, Warschau	B, Dom, S	29500
Burgmuseum Schloß Malbork (Marienburg an der Nogat)		Ss
Distriktmuseum Łomża am Narew	B	Ss
Historisches Stadtmuseum Gdańsk (MYRTA-Departm.of the Amber-Museum)		Ss
Archäologisches Museum in Gdańsk		Ss
Museum der Inklusen, Universität Gdańsk-Gdynia		Ss
St. Brigitten Kathedrale in Gdańsk: Bernstein-Altar und -Monstranz		
Rußland, Ukraine, Litauen		
„Bernsteinzimmer" Zarskoje Selo (s. S. 94- 96)	B.	Ss
Paläontologisches Institut und Museum der Akademie der Wissenschaften, Moskau	B, Sib	4000, 5000
Dzieduszycki-Museum, Lwow	Karp, Ukr	100

Fundgebiet	Harzart	Ca.-Anzahl der vorh. Stücke
Russland, Ukraine, Litauen		
Institut für Geologie und Geochemie der Ukrainischen Akademie der Wissenschaften, Kiew	Ukr	
Bernsteinmuseum Kaliningrad, Kaliningrad	B	Ss, 1800
Bernsteinmuseum Palanga, Palanga	B	Ss
Dänemark		
Geologisches und Mineralogisches Institut der Universität Kopenhagen	B	
Zoologisches Museum und Institut der Universität Kopenhagen	B	7600
FEHRN-Amber Museum, Kopenhagen	B	
Esbjerg-Museum, Esbjerg	B	
Rav-Museum Oksbøl-Varde	Ss	
Großbritannien		
British Museum of Natural History, London	B Burn	25000 300
Rumänien		
Museum Colti bei Bužau	R	Ss
Frankreich		
Musée Naturelle d'Histoire, Paris	B	2000
Schweiz		
Naturhistorisches Museum Neuchâtel	B	
Amerika		
Dominikanische Republik		
Museo del ámbar, Puerto Plata, Insel Hispaniola	Dom	Ss
Museo Mundo de Ámbar, Santo Domingo	Dom	Ss
USA		
Museum of Comparative Zoology, Harvard University, Cambridge	B Can	16 000 5 000
Smithsonian Institution, Washington D. C.	Dom	5 500
Florida State Collection of Arthropods, Florida,Departm. of Agriculture, Gainsville	Dom	3 500
Field Museum of Natural History, Chicago	B	2 600
American Museum of Natural History, New York	B	500
University of California,Berkeley	Mex Alas	3 000 200
Kanada		
Biosystematics Research Institute, Ottawa, Ontario	Can	300
Royal Ontario Museum, Toronto	Ss	Ss
Asien		
Volksrepublik China		
Geologisches Museum Beijing/Peking der Chinesischen Akademie der Wissenschaften	Chin	2 000
Japan		
National Science Museum, Tokio	Jap	
Amber Pavilion Kuji-Kohaku, Kuji	Jap	Ss
Museum für Natur- und Länderkunde, Archäologie und Kulturgeschichte im Jugend-Kulturzentrum von Choshi, Mizunami	Jap	Ss
Fossil-Museum, Mizunami	Jap	

Abkürzungen: B = Baltischer Bernst. , Dom = Dominikanischer Bernst., Li = Libanesischer Bernst., Sib = Sibirischer Bernst., Burm = Burmesischer Bernst., Can = Kanadischer Bernst., Mex = Mexikanischer Bernst., Alas = Alaska Bernst., Chin = Chinesischer Bernst., Jap = Japanischer Bernstein, Born = Borneo Bernst., S = Bitterfelder-Sächsischer Bernst., Karp = Karpaten Bernst., Ukr = Ukrainischer Bernst., R = Rumänischer Bernst. Ss = Schausammlung

Literatur: Kosmowska-Ceranowicz 1990; Krumbiegel und Kosmowska-Ceranowicz 1992; Poinar 1992; Ritzkowski 1990; Schlee 1990; Gierłowski 1995

Wissenschaftliche Inklusensammlung „Bernsteinsammlung Walter Simon“ im Paläontologischen Museum des Museums für Naturkunde der Humboldt-Universität Berlin (Krumbiegel 2003). Schublade mit Inklusen-Präparaten der Ordnung Hymenoptera (Hautflügler), Familie Formicidae (Ameisen). Präparate mit „rotem Punkt“ sind Holotypen. Foto: C. Radke

Inklusen-Sammlung W. Simon; Originalpräparat von Formicia flori (Hymenoptera – Hautflügler) im Baltischen Bernstein. Foto: C. Radke

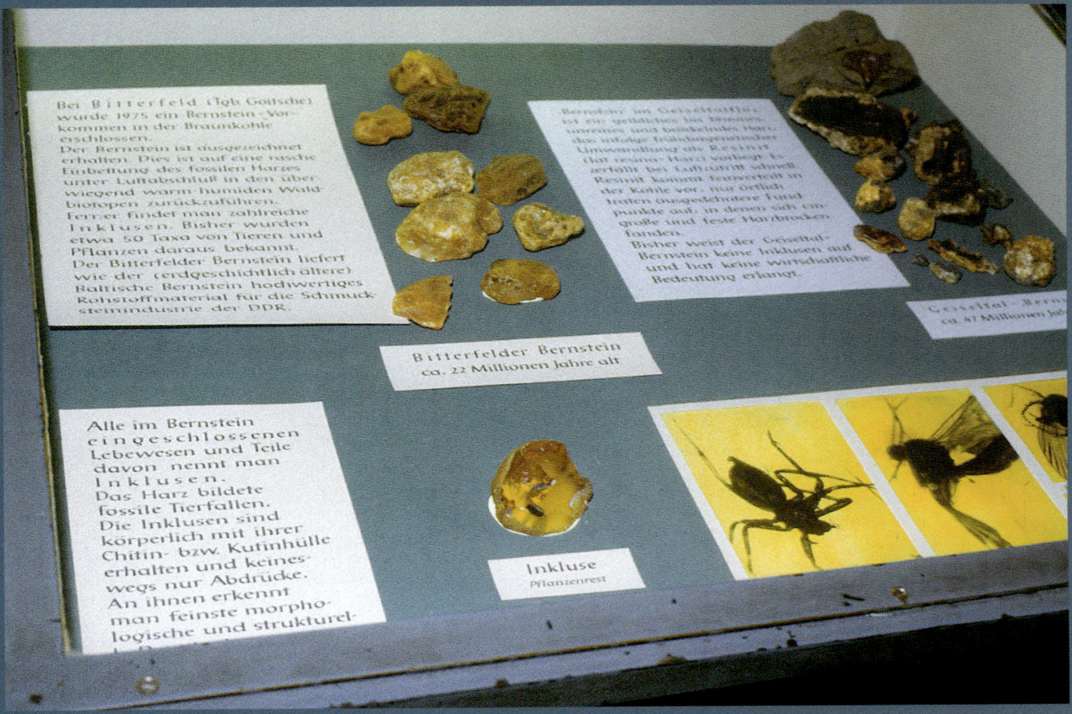

Vitrine zum Thema „Bernstein im Geiseltal und in Bitterfeld“ in der Schausammlung des Geiseltalmuseums der Universität Halle/Saale. Foto: G. Krumbiegel

Baltischer Bernstein im Staatlichen Museum für Naturkunde in Stuttgart. Bernsteinklumpen (1584 g; 25 x 13 x 8 cm). Geschenk des Königs von Preußen an den Landprinzen Friedrich Ludwig von Württemberg im Jahre 1708. Links ein Block „Blaue Erde"; im Hintergrund ein historisches Inventarbuch des Museums von 1785. Die übrigen Harzstücke enthalten Inklusen (1977).
Foto: D. Schlee

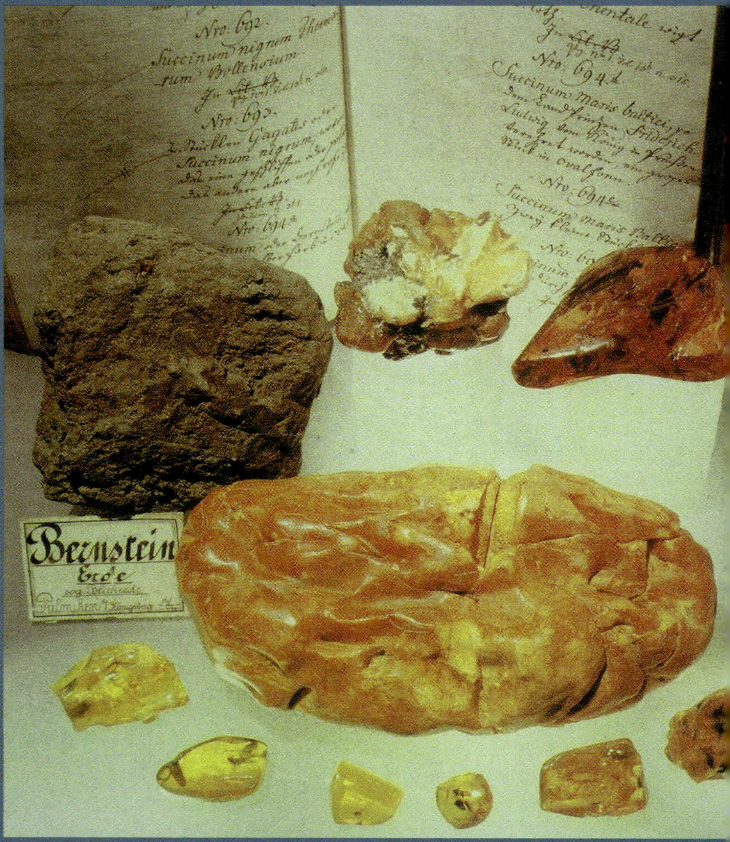

Bernsteinschmuck von Sellin-Mönchgut/Insel Rügen. Das Prunkstück des Schmucks der Frauen, die „Krallen", eine einreihige Kette großer Perlen selbstgesammelten Bernsteins mit rechteckigem Verschlußteil, das oft die Seemannszeichen für Glaube, Hoffnung, Liebe oder ein prächtiges Segelschiff schmückt. Zur Grundausstattung der Mönchguter Tracht gehörte der Ohrschmuck, die „Bommeln". Das Umlegetuch vor der Brust, das „Dauk", wurde durch herz-, muschel- oder blütenförmige Anstecknadeln bzw. Broschen aus Bernstein zusammengehalten.
Foto: J. Kintzel

Ausstellung zum Thema „Bernsteinklumpen" im Muzeum Ziemi (Museum der Erde) der Polnischen Akademie der Wissenschaften in Warschau/Polen. Es ist zu sehen die Darstellung der Gewinnung von Bernstein in der Kurpie-Region und am Strand der Ostsee durch Fischen mit Netzen und in der Weichselniederung mit Hilfe der hydromechanischen Methode (s. Abb. S. 71, 72).
Foto: B. Kosmowska-Ceranowicz

Ständige Ausstellung „Geschichte des Bernsteins" im Burgmuseum zu Malbork, Polen. Hausaltar aus verschiedenfarbigem Bernstein, 18. Jahrhundert, z. T. mit Intarsien aus Elfenbein.
Foto: G. Krumbiegel

Vitrine mit modernem Schmuck aus Baltischem Bernstein in Danzig (Gdańsk); Laden in der Frauengasse (Mariacka).
Foto: G. Krumbiegel

Die Marienburg an der Nogat (Schloß Malbork); Sitz des Museums von Sammlungen künstlerischer Erzeugnisse aus Bernstein.
Foto: Burgmuseum Schloss Malbork

Literatur

Die hier angegebene Literatur ist eine Auswahl aus den sehr zahlreichen in den letzten 30 Jahren erschienenen Veröffentlichungen zum Thema „Bernstein“. Bernstein ist wieder sehr aktuell und interessant geworden, und zwar nicht nur für die Wissenschaft, sondern auch für die Allgemeinheit und einige Bereiche der Wirtschaft. Es sind daher im wesentlichen Bücher, Auststellungskataloge, Faltblätter, Festschriften, Tagungs- und Symposiums-Abstracts sowie Bibliographien aufgeführt. Viele von ihnen sind inzwischen zu Standartwerken avanciert, leider oft bereits vergriffen, doch mit Sicherheit in den größeren öffentlichen Bibliotheken, Hochschul- und Museumsbibliotheken dem Interessenten zugänglich. Sie sollen dem Leser der 3. Auflage von „Bernstein – Fossile Harze aus aller Welt“ helfen, sich eingehender mit Bernstein und anderen fossilen Harzen und damit verbundenen Wissensgebieten zu beschäftigen. Verwiesen sei ferner auf die Literaturverzeichnisse der 1. und 2. Auflage von „Bernstein-Fossile Harze“ und von „Faszination Bernstein“ Krumbiegel und Krumbiegel 2001.

Alonso, J.; Arillo A.; Barron, E. et al. (2000): A new fossil resin with biological inclusions in Lower Cretaceous deposits from Alava (Northern Spain, Basque-Cantabrian Basin). – J. Paleontol. 74 (1): 158-178, London.

Alonso, J.; Corral, J. C. & López, R. (1999): Proceedings of the World Congress on Amber Inclusions. Vitoria-Gasteiz, Basque Country (Spain) 20-23 October 1998, Álava. - Estudios Mus. Ciencias Nat. Álava, Num. espec. 2, 14: 1-272, Álava.

Andrée, K. (1937): Der Bernstein und seine Bedeutung in Natur- und Geisteswissenschaften, Kunst und Kunstgewerbe, Technik, Industrie und Handel. - Königsberg.

Andrée, K. (1951): Der Bernstein. Das Bernsteinland und sein Leben. – Kosmos – Franckh’sche Verlagshdl., 96 S. (Nachauflage), Stuttgart.

Arillo, A. (1997): Fossil amber from Alava. – Meganeura 1: 24, Strasbourg.

Azar, D. & Nel, A. (1998): Lebanese Lower Cretaceous amber. – Meganeura 2: 18-20, Strasbourg.

Bachofen-Echt, A. (1949): Der Bernstein und seine Einschlüsse. - Springer Verl., 204 S., Wien.

Bachofen-Echt, A. (1996): Der Bernstein und seine Einschlüsse. - Nachdruck mit Anmerkungen. - Jörg Wunderlich Verlag, 231 S., Straubenhardt.

Bandel K. & Vávra, N. (1981): Ein fossiles Harz aus der Unterkreide Jordaniens. – N. Jb. Geol. Paläont., Mh 1991 (1): 19-33, Stuttgart.

Bandel, K. & Abdallah, A. H. (1991): The depositional environment of amberbearing rocks in Jordan. – Dirasat 6: 39-62.

Bardovskaja, L. W. & Grigorowitsch, N. S. (1991): Bernstein, der Stolz der Zaren. - Katalog Ausstellung Schloß Britz, 8 S., Berlin.

Barford, J.; Jacobs, F. & Ritzkowski, S. (1989): Bernstein – Schätze in Niedersachsen. – Knorr & Hirth Verl., 96 S., Seelze.

Barthel, M. & Hetzer, H. (1982): Bernstein – Inklusen aus dem Miozän des Bitterfelder Raumes.- Z. f. angewandt. Geol. 26 (7): 314-336, Berlin.

Bartsch, C. (1974): Der Bernstein in Palmnicken. - Truso-Verl., S. 234-275, Münster.

Bergemann, C. (1859): Ueber ein neues fossiles Harz aus der Braunkohle (Krantzit). – Journ. Prakt. Chem. 76 (2): 65-69, Leipzig.

Blazhchishin, A. (2001): Submarine amberbearing deposits in the south-eastern Baltic. Mitt. Geol.-Paläont. Inst. Univ. Hamburg, H. 85: 203-210, Hamburg.

Bogdasarov, A. A. & Bogdasarov, M. A. (1997): Mineralogische Besonderheiten des Bernsteins aus archäologischen Denkmälern Weißrußlands. – S. 347-350. In: Ganzelewski, M. & Slotta, R.: Tränen der Götter. – Veröff. Deut. Bergb. – Mus. Bochum, 64, Bochum, Glückauf – Verlag Essen.

Bogdasarov, A. A.; Ashgirovitsch, M. A.; Urjev, L. F. & Urjev, I. I. (1997): Der Bernstein aus quartären Sedimenten Weißrußlands. – S. 341-345. In: Ganzelewski, M. & Slotta, R.: Tränen der Götter. - Veröff. Deut. Bergb.- Mus. Bochum, 64, Bochum, Glückauf-Verlag. Essen.

Böhme, W. & Weitschat, W. (1998): Redescription of the Eocene lacertid lizard *Nucras succinea* Boulenger, 1917 from Baltic amber and its allocation to *Succinilacerta* n. gen. - Mitt. Geol.-Paläont. Inst. Univ. Hamburg 81: 203-222, Hamburg.

Bölsche, W. (1927): Im Bernsteinwald. - Kosmos-Buchbeilage, Franckh‘sche Verlagshandlg., 78 S., Stuttgart.

Botheroyd, S. & Botheroyd, P. (2004): Das Bernstein-Buch – Die Tränen der Götter: Kunst, Schmuck, Medizin und Magie. Atmosphären-Verlag, 136 S., Pöcking.

Brekenfeld, A. (1991): Vor hundert Jahren: Das ostpreußische Bernsteinimperium. Friedrich Wilhelm Stantien und Moritz Becker. - Altpreuß. Geschlechterkde., N. F. 39, Bd. 21: 505-512, Hamburg.

Bruhn, P. (1999): Internationale Bibliographie des Schifttums über die Suche nach dem Bernsteinzimmer. - Verlag Bock & Kübler, 128 S., Berlin-Fürstenwalde.

Büchner, L. (1999): Zum geologischen Bau der Schmiedeberger Endmoräne. – Mitt. Geol. Landesamt Sachen-Anhalt 5: 117-134, Halle.

Bürgler, R. (2002): Faszination Blauer Bernstein. – Schweizer Strahler 2002 (2): 12-14, Zürich.

Butrimas, A. (Hrsg.) (2001): Baltic Amber – Baltic Amber in National Sciences, Archaeology and Applied Arts. – Proceed. Intern. Interdiscpl. Conference, 13.-18. Sept. 2001, Vilnius, Palang. Nida; 1-320; Vilnius Acad. Fine Arts, Acta Academiae Artium Vilnensis, 22, 1-320, Vilnius.

Caridad, J.; Lanzetti, G.; Brodzinsky, J. et al. (1998): Amber World – The secrets of Dominican amber. – 119 S., Santo Domingo.

Caridad, J.; Lanzetti, G.; Brodzinsky, J. et al. (1999a): Ámbar – El Museo „Mundo de Ámbar“. – Revista Espec. del Museo Mundo de Ámbar 2: 1-15, Santo Domingo.

Caridad, J.; Lanzetti, G.; Brodzinsky, J. et al. (1999b): Museum – Welt des Bernsteins. – Faltblatt: Museo Mundo de Ámbar. – 6 S., Santo Domingo. (deutsch, engl., span.)

Chętnik, A. (1981): Mały słownik odmian bursztynu polskiego. — Prace Muzeum Ziemi 34: 31–38, Warszawa.

Cruickshank, R. D. & Ko, K. (2003): Geology of an amber locality in the Hukawng Valley, Northern Myanmar. - J. Asian Earth Sci. 21: 441-455.

Czeczott, H. (1961): The flora of the amber and its age (Zusammenfassung). – Prace Muzeum Ziemi 4: 119-145 (engl.), 119- 138 (poln.), Warszawa.

Drapikowski, M. (2000): Powrót bursztynu do świątyń. – (Heimkehr des Bernsteins ins Gotteshaus). (Bernsteinkruzifix und Bernsteinmonstranz). Polski Jubiler 2 (10): 30-32, Warszawa.

Enke, R. (1986): Bernstein-Zimmer-Report. - 240 S., Berlin.

Erichson, U. (Hrsg.) & Tomczyk, L. (1998): Die Staatliche Bernstein-Manufaktur Königsberg 1926-1945. - Eigenverl. Deutsch. Bernst.-Mus. Ribnitz-Damgarten, 155 S., Ribnitz-Damgarten/Rostock.

Evans, W. P. (1934): Microstructure of New Zealand lignites. – New Zeal. J. Sci. Techn. 15: 365-385, Wellington.

Faber, F. J. (1961): Barnsteen. - Geologie en Mijnbouwe 40 (5): 194-196, s‘Gravenhage.

Faber, O. & Ploug, M. (1998): Bernstein. – 1. Aufl., 125 S., Varde.

Fischer, G. (1982): Harzfunde aus der Kreide von Golling, Salzburg. Pyrit. VMÖ; Mitt. Ortsgr. Steyr 1982 (2): 14-16, Steyr.

Fraquet, H. (1989): Amber. - 1. Aufl., Butterworth Gem Books, 176 S., London.

Frello, O. (1998): Der Bernsteinwald - Oksbølbilledet - The Amber Forest - La Forêt de Ambre. - (vierteiliges Poster DIN A1). Blåvandshuk Egnsmuseum, Oksbøl.

Fuhrmann, R. & Borsdorf, R. (1986): Die Bernsteinarten des Untermiozän von Bitterfeld. – Z. f.. angew. Geol. 32 (12): 309-316, Berlin.

GANZELEWSKI, M. & SLOTTA, R. (Hrsg.) (1996): Bernstein - Tränen der Götter. - Katalog zur Ausstellung "Bernstein - Tränen der Götter", Deutsches Bergbau-Museum, Veröff. aus dem Deut. Bergb.-Mus. Nr. 64, 585 S., Bochum.
GANZELEWSKI, M.; REHREN, T. & SLOTTA, R. (1997): Neue Erkenntnisse zum Bernstein. - Intern. Sympos. im Deutschen Bergbau-Museum, Bochum, 16.-17. Sept. 1996. - METALLA, Sonderheft, Veröff. aus dem Deut. Bergb.-Mus. Nr. 66, 128 S., Bochum.
GEIRNAERT, É. (1998): L'ambre. - Minéraux & Fossiles 24, Nr. 266: 1-40, Paris.
GEIRNAERT, É. (2000): Une découverte unique – Un serpent dans l'ambre. – (Eine einmalige Entdeckung – Eine Schlange im Bernstein). Minéraux & Fossiles 26, Nr. 283: 13-20, Paris.
GEIRNAERT, E. (2002): L' Ambre. – Miel de Fortune et Mémoire de Vie. – Edition du Piat spotecznośc i bursztynników. – Polski Jubiler, Nr. 2, 176 S., Monistrol-sur-Loire.
GHIURCA, V. & VÁVRA, N. (1990): Occurrence and chemical characterization of fossil resins from „Colti" (District of Buzau, Romania). – N. Jb. Geol. Paläont. Mh 1990 (5): 283-294, Stuttgart.
GIANOLLA, P.; RAGAZZI, E. & ROGHI, G. (1998): Upper Triassic amber from the Dolomites (Northern Italy). A paleoclimatic indicator? – Revistia Italiana di Paleontologia e Stratigrafia 104 (3): 381-390, Milano.
GIERŁOWSKA, G. (2002): Societas Succinorum in Polonia, centrum międzynarodowej spotecznosci bursztynników. – Polski Jubiler, Nr. 2 (13): 30-31, Warszawa.
GIERŁOWSKA, G. (2003): Kleiner Leitfaden für Bernsteinimitationen (Guide to Amber Imitations). – Oficyna „Bursztynowa Hossa", 34 S. (poln, engl.), Gdańsk.
GIERŁOWSKA, G. (2004): The Beauty of Amber. – amberif 2004, Preview, 11. Internat. Amber Fair, 10-14, Gdańsk.
GIERŁOWSKA, G. (2004): Bernstein in der Heilkunde. – Verlagshaus „Bursztynowa nowa Hossa", (14 S.), Gdańsk.
GIERŁOWSKI, W. (2004): Bursztynowe rewelacje Lucjana Myrty. – Zegarki & Bizuteria 3/2004; 82: 8-9.
GIERŁOWSKI, W. (1999): Bursztyn i gdańscy bursztynnicy. - Wydawnictwo „Marpress", 116 S., Gdańsk.
GIERŁOWSKI, W. (2004): Burstynowa kolekcja Lucjana Myrty w Muzeum Historycznym Miasta Gdańska. – Polski Jubiler, Nr. 1 (22) 2004, 42-50, Warszawa.
GLOY, U. & KOHRING, R. (1999a): Pyrolyse-Gas-Chromatographie-Analysen an einem fossilen Harz aus dem Oberen Jura (Grube Guimarota, Portugal). – Berliner geowiss. Abh. E 30: 83-88, Berlin.
GLOY, U. & KOHRING, R. (1999b): Py-Gas-Chromatographische Untersuchungen an fossilen Harzen aus dem Oberjura. – Terra Nostra 99 (8): 92, Zürich.
GRABOWSKA, J. (1982): Polnischer Bernstein. - Interpress, 48 S., Warszawa.
GRIGOROWITSCH, N. (2000): Das Bernsteinzimmer. – Ein königliches Geschenk für einen kaiserlichen Saal in Zarskoje Selo, Sommerresidenz der Zaren bei St. Petersburg. Katalog, 28 Seiten, Freunde u. Förderer Schloß Britz e. V., Berlin.
GRIMALDI, D. (Hrsg.) (2000): Studies on Fossils in amber, with particular reference to the Cretaceous of New Jersey. (Studien an Fossilien im Bernstein unter Berücksichtigung besonderer Beziehungen zur Kreide von New Jersey.) Backhuys Publishers, 504 S., Leiden.
GRIMALDI, D. A. (1996): "Amber - Window to the Past". - American Museum of Natural History. Verlag Harry N. Abrams / Times Mirror Comp., 216 S., New York.
GRIMALDI, D.; BECK, C. W. & BOON, J. J. (1989): Occurrence, Chemical Characteristics and Paleontology of the Fossil Resins from New Jersey. – Amer. Museum Novitates 2948, 28 S., New York.
GROLLE, R. & MEISTER, K. (2004): The Liverworts in Baltic and Bitterfeld Amber. – Weissdorn-Verlag, 91 S., Jena.
GURIEWICZ, G.J. & KAZANOW, J. W. (1976): Palieznyje iskopajemyje Kalingradskoj oblasti Jantar. – Kalingradskoje kniznge izdatielstwo Geologia. Kaliningrad.
HARDT, H. (1954): Der Bernstein, seine Entstehung und Verwendung. - 2. Aufl., Die Neue Brehm-Bücherei Bd. 128, 44 S., Wittenberg.
HEITZMANN, P. (1989): Gesteine bestimmen und verstehen: Ein Führer durch die Schweiz. Auf Bernsteinsuche im Freiburger-Land. S. 159-161, Basel, Boston, Berlin.
HELM, O. (1878): Mitteilungen über Bernstein. III. Gedanit – ein neues fossiles Harz. – Archiv Pharmazie, N.F. 10 (6): 503-507, Halle.
HELM, O. (1894): Mittheilungen über Bernstein. XVI. Ueber Birmit, ein in Oberbirma vorkommendes fossiles Harz. - Schrift. Naturforsch. Ges. Danzig, N. F. 8 (3/4): 63-66, Danzig.
HELM, O. & CONNWENTZ, H. (1886): Sull ambra di Sicilia. – Malpighia 1: 49-56, Messina.
HENNIG, W. (1969): Bernsteinfossilien. Naturwiss. u. Medizin 6 (26): 10-24, Mannheim.
HETZER, H. & BARTHEL, M. (VEB Ostseeschmuck Ribnitz-Damgarten Hrsg.) (1987): Bernstein - Harz der Ewigkeit. - Katalog VEB Ostseeschmuck, 24 S., Berlin.
HEVERS, J. (1992): Vom Riß zum Rohharz. – Das Ende einer forstlichen Nutzung in der ehemaligen DDR. – Staatl. Naturhist. Mus. Braunschweig, 104 S., Braunschweig.
HILLMER, G. & WEITSCHAT, W. (1983): Bedeutende Sammlungen des Instituts - Bernstein - Gold des Nordens. - Universität Hamburg, Führer durch die Schausammlung Geolog.-Paläontol. Inst. u. Mus., S. 152-160, Christians Verl., Hamburg.
HILLMER, G.; VOIGT, P. C. & WEITSCHAT, W. (1992): Bernstein im Regenwald von Borneo. – Fossilien 9 (6): 336-340, Korb.
HOFFEINS, C. & HOFFEINS, H. W. (2003): Untersuchungen über die Häufigkeit von Inklusen im Baltischen und Bitterfelder Bernstein (Tertiär, Eozän) aus selektierten Aufsammlungen unter besonderer Berücksichtigung der Ordnung Diptera. – Studia dipterologica 10 (2): 381-392, Halle/S.
HONG, Y.-CH. (1991): Eocene Fossil Diptera (Insecta) in Amber of Fushun Coalfield. – Geological Publishing House, 166 S., Beijing.
HONG, Y.-CH.; YANG, T.-C.; WANG, S.-T. & WANG, S.-E. (1974): Stratigraphy and Palaeontology of Fushun coal-field, Liaoning Province. – Acta Geol. Sinica 1974 (2): 113-149, Beijing.
HUISMAN, H. (1977): Over het voorkomen van bruinkoolhout en barnsteen in de ondergrond van Noor-Nederland. – Grondboor en Hamer 31 (5): 154-160, Oldenzaal.
HUNGER, R. (1977): The magic of amber. - NAG Press, 131 S., London.
IRSCH, W. (2005): Ökosysteme in Bernstein. – Fossilien 22 (1): 5-6, Wiebelsheim.
ITURRALDE-VINENT, M. A. (2001): Geology of the amber-bearing deposits of the Greater Antilles. – Carib. J. Sci. 37 (3-4): 141-167.
JASTRZEBSKI, J. (2003): Kurpiowskiw ozdoby bursztynowe. - Polski Jubiler Nr. 1 (18): 38-41, Warszawa.
JUUL, T. (1982): Naturprodukt Bernstein (dän. Rav (1980), Holte/DK) Arena Verl., 31 S., Würzburg.
KAISERLING, K. (2001): Baltic amber. His use in medicine, historial review and current prospects. – Pathologe 22 (4): 285-286, Berlin.
KATINAS, V. (1983): Baltijos gintaras. - Mosklas, 111 S., Vilnius.
KAUNHOWEN, W. (1928): Bernstein. – In: DAMMER, B. & TIETZE, O.: Die nutzbaren Minerale mit Ausnahme der Erze und Kohlen. Bd. II, 2. Aufl., S. 467-520, Verl. Enke, Stuttgart.
KAWECKI, W. (1999): Bursztynowa Komnata - Fakty i mity (1297-1997 - 700 lat Pasłetka. - Wydawńictwo „Marpress", 124 S., Gdańsk. (Das Bernsteinzimmer - Fakten und Mythen)
KEDVES, M. (2003): LM and TEM investigations on the Upper Cretaceous Ajkaite from Hungaray. – Ambermart 2003 Gdansk, 33-34, Gdansk.
KHARIN, G. S. (1995): Geological conditions of the amber-bearing deposits originating in the Baltic Region. - Amber & Fossils 1 (1): 47-54, Kaliningrad.
KLINGER, H. & PITSCHKI, R. (1884): Ueber den Siegburgit. – Ber. Dt. Chem. Ges. Berlin 17: 2742-2746, Berlin.
KNUTH, G. & KOCH, T. (2001/2002): Inklusen im Bitterfelder Bernstein. – Poster DIN A1, Landesamt für Geologie und Bergwesen Sachsen-Anhalt, Deutschland, Halle/S.
KNUTH, G.; KOCH, T.; RAPPSILBER, I. & VOLLAND, L. (2002): Zum Bernstein im Bitterfelder Raum – Geologie und genetische Aspekte. – Hallesches Jahrb. Geowiss., B 24: 35-46, Halle (Saale).
KOHLMAN-ADAMSKA, A. (1997): Reconstructing an amber forest on the basis of plant inclusions in Baltic amber. In: Baltic amber and other fossil resins. - Museum of the Earth, Scientific conferences, Abstracts 9: 26-27, Warsaw.
KOHLMAN-ADAMSKA, A. (2002): A graphic reconstruktion of an „amber" forest. – In: The amber treasure trove. S. 15-18, Warsaw 2001.
KOHRING, R. & SCHLÜTER, T. (1989): Historische und paläontologische Bestandsaufnahme des Simetits, eines fossilen Harzes mutmaßlich mio-/pliozänen Alters aus Sizilien. - Documenta naturae 56: 33-58, München.
KOHRING, R. (1998): Sicilian amber. – Meganeura 2: 21-22, Strasbourg.
KÖRMENDY, R. & NEUWALD, H. K. (1997): Ajkait - ein ungarischer Bernstein. - Fundgrube 23 (3/4): 92-97, Berlin.
KOSHIL, I. M.; VASILISHIN, I. S. & PANCHENKO, V. I. (1993): Bernstein aus der Ukraine – Mindestens so lange bekannt wie Baltischer Bernstein. – Lapis 18 (10): 34-27, München.
KOSMOWSKA-CERANOWICZ, B. (1991/1992): Spuren des Bernsteins. - Muzeum Ziemi, Poln. Akad. Wiss., Ausstellung in Deutschland, 102 S., Bielefeld.
KOSMOWSKA-CERANOWICZ, B. (1993): Baltic Amber and other Fossil Resins in Polish

Literature and Works by Polish Authors in World Literature. An Annoted Bibliography, Part I: Amber in nature, culture and art. Muzeum Ziemi PAN, 164 S., Warszawa.
KOSMOWSKA-CERANOWICZ, B. (1995a): Das Bernsteinführende Tertiär des Chłapowo-Samland-Delta. – In: WEIDERT, W. K.: Klassische Fundstellen der Paläontologie 3: 11, 180-190, 267-268, Goldschneck-Verlag, Korb.
KOSMOWSKA-CERANOWICZ, B. (1995b): „Kompleksowe Badania Bursztynu w Regione Kalingradzkim". – (Schema der heutigen Bernsteingewinnung). – Muzeum Ziemi PAN, Konferencje naukowe, Streszczenia 5: 29-30, (nicht pagn.), Warszawa.
KOSMOWSKA-CERANOWICZ, B. (1998): Bursztyn i inne żywice kopalne świata – Gedanit.- Polski Jubiler, Nr. 3 (4): 29-31, Warzsawa.
KOSMOWSKA-CERANOWICZ, B. (1999): Succinite and some other fossil resins in Poland and Europe (Deposits, finds, features and differences in IRS). – Est. Mus. Cienc. Nat. de Alava (1999), 14 (Num. Espec. 2): 73-117, Alava.
KOSMOWSKA-CERANOWICZ, B. (2000): Bursztyn i inne żywice kopalne świata. Zygburgit (kopalny polistyren). – (Bernstein und andere fossile Harze der Erde. Siegburgit, ein polystyrenes Harz.) - Polskí Jubiler 3 (11): 20-21, Warszawa.
KOSMOWSKA-CERANOWICZ, B. (2001a) (Hrsg.) The Amber Treasure Trove. The Tadeusz Giecewicz's collection at the Museum of the Earth, Polish Academy of Sciences, Warsaw (with catalogue) collectes contribution. – Museum of the Earth, documentary studies 18, Warszawa.
KOSMOWSKA-CERANOWICZ, B. (2001b): The old Gdańsk amber collection. - Prace Muzeum Ziemi 46: 81-106, Warszawa.
KOSMOWSKA-CERANOWICZ, B. (2002a): Bursztyn i inne żywice kopalne świata. – Krancyt. – Polski Jubiler, Nr. 2 (16): 26-27, Warszawa.
KOSMOWSKA-CERANOWICZ, B. et al. (2002b): Znaleziska i Dawne Kopalnie Bursztynu w Polsce. Od Bałtyku przez Kurpie do Karpat. - (Vorkommen und ehemalige Bernsteingruben vom Baltikum über die Kurpieregion bis in die Karpaten.) – Bibliotheka Kurpiowska im Stacha Konwy, 2, 1-158, Warszawa / Łomża.
KOSMOWSKA-CERANOWICZ, B. et. al. (2002c): Bryły Bursztynu – Fenomen Przyrody. – (Amber nodules – A Phenomenon of Nature.) – Katalog Wystawy czasowej, Muz. Ziemi/PAN, Warszawa, 51 S., Warszawa.
KOSMOWSKA-CERANOWICZ, B. & CHOINSKA-BOCHDAN, E. (2003): Muzeum Archeologiczne w Gdansku. "Z Bursztynem przez Tysiaclecia". – 1. Aufl., 160 S., Gdańsk.
KOSMOWSKA-CERANOWICZ, B. & KONART, T. (1997): Tajemnice bursztynu. – 2. Aufl., Wyd. Sport i Turystyka Warszawa, 231 S. (Zusammenfassung: Geheimnisse des Bernsteins, S. 208-215).
KOSMOWSKA-CERANOWICZ, B. & KRUMBIEGEL, G. (1989): Geologie und Geschichte des Bitterfelder Bernsteins und anderer fossiler Harze.- Hallesches Jahrb. Geowiss. 14: 1-25, H. Haack, Gotha.
KOSMOWSKA-CERANOWICZ, B. & KRUMBIEGEL, G. (1990a): Bursztyn bitterfeldzki-saxonski i inne żywice kopalne z okolic Halle/NRD. – Przeglad Geologiczny 38 (9): 394-400, Warszawa.
KOSMOWSKA-CERANOWICZ, B. & KRUMBIEGEL, G. (1990b): Identification of Glessite, Siegburgite and Krantzite from Halle/Saale Region by Infrared Spectroskopy. – Abstracts, Vol. 2: 591-593, The 15th General Meeting Intern. Min. Assoc., 1990, Beijing/Peking.
KOSMOWSKA-CERANOWICZ, B., KRUMBIEGEL, G. & VÁVRA, N. (1993): Glessit, ein tertiäres Harz von Angiospermen der Familien Burseraceae. – N. Jb. Geol. Paläont. Abh. 187 (3): 299-324, Stuttgart.
KOSMOWSKA-CERANOWICZ, B.; KRUMBIEGEL, G. & SAUER, W. (1993): Lausitzer Bernstein. - Schriftenr. „Umwelt", Lausitzer Braunkohle Aktiengesellschaft - LAUBAG, 1. Ausgabe, H. Nr. 4, 21 S., Senftenberg.
KOSMOWSKA-CERANOWICZ, B. & PANER, H. (Hrsg.) (1999): Investigations into Amber. - Proc. of the Intern. Interdisc. Sympos.: Baltic Amber and other fossil Resins, 997 Urbs Gyddanycz - 1997 Gdańsk 2.-6. Sept. 1997. The Archeological Museum in Gdańsk - Museum of the Earth, Polish Academy of Sciences, Gdańsk, 288 S.
KOSMOWSKA-CERANOWICZ, B.; PIELIŃSKA, A.; KULICKA, R. et al. (1998): Bernstein - Schatz urzeitlicher Meere. - Oficyna Wydawnicza "Sadyba", 3. Aufl., 30 S., Warszawa. (poln., deutsch, engl.)
KOSMOWSKA-CERANOWICZ, B. & RITZKOWSKI, S. (2004): The saved fragment of the Königsberg Amber Collection in Göttingen. – Prace Muzeum Ziemi 47: 108-122, Warszawa.
KOSTIASZOWA, Z. (1995): Powojenna historia kombinatu eksploacji i obróbki bursztynu na Sambii. (Geschichte der Entwicklung des Bernsteinkombinates auf dem Samland). – Przegląd Geologiczny 43 (4): 364-367, Warszawa.
KOSTJASHOWA, Z. (1997): Kaliningradskii Jantarni Kombinat. - Iso-Zentr Kaliningrad, 94 S., Kaliningrad. (Das Kaliningrader Bernstein-Kombinat.)
KOSTOV, R. J. (1990): Bulgarian Amber. – Prace Muzeum Ziemi 41: 158, Warszawa.
KRAUSE, K. (2003): Bernstein an den Küsten und im Binnenland von Dänemark. – Aufschluss 54 (1): 1-10, Heidelberg.
KRUMBIEGEL, G. (1993): Glessit, ein tertiäres Harz von Bedecktsamern. – Fossilien 10 (2): 83-90, Korb/Weinstadt.
KRUMBIEGEL, G. (1995a): Der Bitterfelder Bernstein (Succinit). - In: WEIDERT, W. K.: Klassische Fundstellen der Paläontologie, Bd. III, 1. Aufl., S. 11-12, 191-204, 268-269, Goldschneck Verlag, Korb/Weinstadt.
KRUMBIEGEL, G. (1995b): Fossile Harze aus der Geiseltalbraunkohle und aus dem Tagebau Königsaue (Sachsen-Anhalt). – Hall. Jahrb. Geowiss. B 17: 139-148, Halle (Saale).
KRUMBIEGEL, G. (1996): Bernstein (Succinit) - Die Bitterfelder Lagerstätte. - In: GANZELEWSKI, M. & SLOTTA, R. (Hrsg.): Bernstein - Tränen der Götter. Katalog Deut. Bergbau-Mus. Bochum u. Veröff. Deut. Bergbau-Mus. Bochum Nr. 64: 89-100., Bochum.
KRUMBIEGEL, G. (1996b): Fossile Harze aus der Geiseltal-Braunkohle und aus dem Tagebau Königsaue (Sachsen-Anhalt). – In: GANZELEWSKI, M. & R. SLOTTA 1996: Bernstein – Tränen der Götter. – Bochum (Deutsches Bergbaumuseum Bochum), Veröff. Deut. Bergb. Mus., Nr. 64: 125-131, Bochum.
KRUMBIEGEL, G. (1997a): Beckerite from the Goitsche Mine near Bitterfeld (Saxony, Germany). Baltic Amber and other fossil Resins. – 997 Urbs Gyddanycz – 1997 Gdansk. Museum of the Earth, Scientific conferences, Abstracts 9: 38-39, Warsaw (polnisch: Abstracts 8: 40).
KRUMBIEGEL, G. (1997b): Braunkohle als Rohstoff für die Montanwachsgewinnung. - Romonta-Festschrift 75 Jahre zum 75-jährigen Betriebsjubiläum der Montanwachsfabrik Amsdorf im Jahr 1997, Romonta GmbH, S. 7-14, Amsdorf.
KRUMBIEGEL, G. (1999a): Beckerit aus dem Tagebau Goitsche bei Bitterfeld (Sachsen-Anhalt, Deutschland). – Investigation into Amber. – S. 231-239, Gdańsk.
KRUMBIEGEL, G. (1999b): Bernstein und andere fossile Harze. – Beckerit. – Polski Jubiler, Nr. 3 (8): 24-28, Warszawa.
KRUMBIEGEL, G. (1999c): 25 Jahre (1974-1999) Erforschung des „Bitterfelder bzw. Sächsischen Bernsteins" - Ein Rückblick. - Mitteldt. Braunk.-Ges., Spektrum 9 (2): 20-21, Leipzig.
KRUMBIEGEL, G. (2000): Beckerit oder Braunharz – Ein akzessorisches fossiles Harz. – Fossilien 17 (3): 184-188, Weinstadt.
KRUMBIEGEL, G. (2002a): Duxit – fossiles Harz und Wachs. – Fossilien 19 (3): 162-166, Weinstadt.
KRUMBIEGEL, G. (2002b): Duksyt żywica Kopalna? – (Duxit – ein fossiles Harz ?). – Przeglad Geologiczny 50 (3): 237-239, 271, Warszawa.
KRUMBIEGEL, G. (2002c): Bernstein in der sakralen Kunst. – Kur-Post Bad Füssing 16 (1/2): 14-15, Bad Füssing.
KRUMBIEGEL, G. (2003a): Ein ungehobener Schatz. Die Bernsteinsammlung Walter Simon. – Fossilien 20 (3): 166-169, Weinstadt.
KRUMBIEGEL, G. (2003b): Bernsteinklumpen – Kleinod in Übergröße. – Fossilien 20 (6): 360-363., Weinstadt.
KRUMBIEGEL, G. (2004): 10 Jahre Bernsteinmuseum Bad Füssing, (1992-2002) (Bibliographie). – Prace Muzeum Ziemi 47: 125-127, Warszawa.
KRUMBIEGEL, G. & KOSMOWSKA-CERANOWICZ, B. (1989): Der Bitterfelder Bernstein – Geschichte, Geologie und Genese. – Fundgrube 25 (2): 34-39, 2. u. 4. Umschlags., Berlin.
KRUMBIEGEL, G. & KOSMOWSKA-CERANOWICZ, B. (1992): Fossile Harze der Umgebung von Halle(Saale) in der Sammlung des Geiseltalmuseums der Martin-Luther-Universität Halle-Wittenberg. – Wiss. Z. Univ. Halle 41 M (6): 5-35, Halle.
KRUMBIEGEL, G. & KOSMOWSKA-CERANOWICZ, B. (1990): Vorkommen von Glessit, Siegburgit (?) und Krantzit im Tertiär Mitteldeutschlands (Bitterfeld, Niederlausitz). – Fundgrube 26 (3): 78-81, Berlin.
KRUMBIEGEL, G. & KOSMOWSKA-CERANOWICZ, B. (2004): Bitterfelder Bernsteinarten und –varianten im Vergleich mit anderen Lagerstätten (Stand der Untersuchungen 2004). – Ges. Geol. Wiss. e.V. Berlin, Exkursionsf. u. Veröffentl., GGW Berlin, 224, H. 16, 45-57, Berlin.
KRUMBIEGEL, G. & KRUMBIEGEL, B. (1995): „Bernsteinsplitter", Czasowa wystawa bursztynu Lipsku. - In: Muzeum Ziemi, Sekcja Owadow Kopalnych PTE, XII. Spotkanie „Inkluzje Organiczne Złoża i odmiany Bursztynu Bałtyckiego" 27. 10. 1995, Streszcenia, S. 18-19, Warszawa.
KRUMBIEGEL, G. & KRUMBIEGEL, B. (1996): Bernstein – Fossile Harze aus aller Welt. – Fossilien, Sonderband 7, 2. Aufl., 112 S., Goldschneck Verlag, Korb/Weinstadt.
KRUMBIEGEL, G. & KRUMBIEGEL, B. (1999): Of the history of the former West Prussian Provincial Museum in Gdańsk. – Museum

of the Earth, Scientific conferences, Abstracts 10: 21-24, Gdańsk-Warszawa.
KRUMBIEGEL, G. & KRUMBIEGEL, B. (2001) (Hrsg.) et. al.: Faszination Bernstein. – Kleinod aus der Wunderkammer der Natur. – 1. Aufl., 112 S., Goldschneck-Verlag, Korb/Weinstadt.
KRUMBIEGEL, G. KRUMBIEGEL, B. & KOSMOWSKA-CERANOWICZ, B. (1999): Reste der Bernsteinsammlung Otto Helm im Nachlass von Heinrich Wienhaus. - In: KOSMOWSKA-CERANOWICZ, B. & PANER, H. (Hrsg.): Investigations into Amber. - Proceed. Intern. Interdisc. Symposium: "Baltic Amber and Other Fossil Resins. 997 Urbs Gyddanyzc - 1997 Gdansk, 2-6 Sept. 1997, Gdansk ", S. 247-259, Gdansk.
KRZEMIŃSKA, E.; KRZEMIŃSKI, W.; HAENNI, J.-P. & DUFOUR, C. (1992): Les Fantomes de l'Ambre. Insectes fossiles dans l'ambre de la Baltique. - Katalog, Musée d'Histoire Naturelle de Neuchâtel, 142 S., Neuchâtel.
KUNZMANN, L. (1999): Koniferen der Oberkreide und ihre Relikte im Tertiär Europas. – Ein Beitrag zur Kenntnis ausgestorbener Taxodiaceae und Geinitziaceae fam. nov. – Abhandl. Staatl. Mus. Min. Geol. Dresden 45: 1-192, Dresden.
LAMBERT, J. B.; JOHNSON, S. C.; POINAR, G. O. jr. & FRYE, J. S. (1993): Recent and fossil Resins from New Zealand and Australia. - Geoarchaeology 8 (2): 141-155.
LANGENHEIM, J. (1969): Amber: A botanical Inquiry. – Science, 16 (3): 1157-1169, Abington.
LARSSON, S. G. (1978): Baltic Amber - a Palaeobiological Study. - Entomograph 1: 1-129, Klampenborg.
LASAULX, A. (1875): Myneralogisch Kristallographische Notizen I. – Siegburgit, ein neues fossiles Harz. – N. Jb. f. Min., Jgg. 1875: 128-133, Stuttgart.
LUDWIG, G. (1986): Sonnensteine. Eine Geschichte des Bernsteins, . 2. Aufl., Verlag Die Wirtschaft, 192 S., Berlin.
MAZUROWSKI, R. (2003): The Role of the Vistula Lowlands (Żulawy Wiślane) in the Development of Prehistoric Amber Industry and Barter Contacts with the Interior. – Amberif 2003: 20-27, Gdańsk.
MCALPINE, J. E. & MARTIN, J. E. H. (1969): Canadian amber - a palaeontological treasure-chest. - Can. Entomol. 101: 819-838, Ottawa.
MIERZWIŃSKA, E. (2000): Bernsteinschätze aus der Marienburg. – Katalog: Ausstellung Ostpreußisches Landesmuseum organisiert aus den Sammlungen des Schloßmuseums Malbork/Marienburg im Rahmen der Weltausstellung EXPO 2000, 32 S., Malbork.
MIERZWIŃSKA, E.; MIERZWIŃSKI, M. A. & RITZKOWSKI, S. (1996): Kunstschätze aus Bernstein.- Die Sammlung des Schloßmuseums Marienburg bei Danzig.- Muzeum Zamkowe w Malborku-Gdańsk. - Katalog, Ausstellung 27. 10. 1996 - 2. 2.1997 Kulturbrücke Schwaben e.V., Städt. Kunstsammlungen Maximilianmuseum Augsburg, 106 S., Augsburg.
MIERZWIŃSKA, E.; MIERZWIŃSKI, M. & ŻAK, M. (2002): Wielka Ksiega Bursztynu. – Das Große Buch über den Bernstein – 40 Jahre Museum Schloß Malbork. – 160 S., Malbork/ Bydgoszcz
MIERZWIŃSKI, M. & ŻAK, M. (2004): Marienburg - Das Schloß des Deutschen Ordens. - 53 S., 75 Bilds., Bydgoszez.
MOOSBAUER, M. & BACHMAIER, T. (2000): Bernstorf – Die versunkene Stadt aus der Bronzezeit. – K. Theiss Verl. GmbH, 1-111 S., Stuttgart.
MOSHKOV, N. N. (2002): Bernstein in der Medizin und Kosmetik. – 59 S., Kaliningrad. (russ.)
N. N. (2001): Kronika Stowarzyszenia Bursztynikow w Polske. – (Chronik der Bernstein-Gesellschaft in Polen.) – Polski Jubiler, Nr. 1 (12): 39, Warszawa.
N. N. (Internet) (2001): Mythos Bernsteinzimmer – Die Geschichte des einzigartigen Kunstwerkes im Katharinenpalast in Puschkin bei St. Petersburg. – Ausstellung Museum für Kunst- und Kulturgeschichte der Stadt Dortmund, 15.02.2001. – 06.05.2001., Resumé, Dortmund.
N.N. (1990): Colectia Muzeala Colti (Muzeul judetean Bužău). - 8 S., Bužău.
NALEŚNIAK, B. (1994): Bursztyn z Dorzecza Narwi środkowej. - Faltblatt „Muzeum Okregowe w Łomży", 7 S., Łomża. (Bernstein am Mittellauf des Narew)
NEL, A. (1997): Discovery of a new entomofauna in amber (Paris Basin). – Meganeura 2: 23, Strasbourg.
NEUWALD, H. K. (2001): Ungarischer Bernstein. – Fossilien 18 (1): 11, Weinstadt/Korb.
NEUWALD, H. K. (2003): Ajkait – Ein fossiles Harz aus Ungarn. – Fossilien 20 (4): 241-244, Weinstadt.
NEUWALD, H. K. (2005): Bakony-Bernstein. – Fossilien 22 (1): 14, Wiebelsheim.
NICHOLAS, C. J.; HENWOOD, A. A. & SIMPSON, M. (1993): A new discovery of early cretaceous (Wealden) amber from the Isle-of-Wight. – Geol. Mag. 130 (6): 847-850, London.
NISSENBAUM, A. & HOROWITZ, A. (1992): The Levantine amber belt. – J. African Earth Sci. 14 (2): 295-300,
NOWOTSCHYN, W. (1968): Kurt Schubert zum Gedenken. - Ber. Naturhistor. Ges. Hannover. 112: 13-15, Hannover.
OTTO, H. (1981): Otto Helm, *21. 2. 1826 in Stolp, † 24. 3. 1902 in Danzig. In: Das chemische Laboratorium der Königlichen Museen in Berlin. – Berliner Beitr. z. Archäometrie 4 (1979): 130-147, Berlin.
OWSJANOW, A. (2002): Jantarnaja Komnata. – 112 S, Kaliningrad. (russ.)
PANER, H. (2001): Ambra - Oro del Baltica. – Katalog: Sassari Museo Nazionale G. A. Sauna, 13 dicembre 2001, 94 Seiten, Icona Sassari.
PASTOROVA, J. (1997): Chemically linking past and present: comparative studies of chars and resins. – Academisch proefschrift, Univ. Amsterdam, 138 S., Amsterdam.
PASTOROVA, J.; WEDDING, T. & BOON, J. J. (1998): 3-Phenylpropanycinamate, a copolymer unit in siegburgit fossil resin: a proposed marker of Hamamelidaceae. – Organic Geochemistry 29 (5-7): 1381-1393.
PETERS, B. (1986): Das Bernsteinhandwerk. - Offsettdruck, 90 S., München.
PIELIŃSKA, A. (2002): Bryły Bursztynu - Amber Nodules. – A Phenomenon of Nature. – Faltblatt, 6 Seiten, Ausstellung Warszawa.
PIELIŃSKA, A. (2002): Bryły Bursztynu-Fenomen Przyrody. (Amber Nodules – A Phenomenon of Nature.) – Katalog Wystawy czasowe, 51 Seiten, Muzeum Ziemi PAN, Warszawa.
PIELIŃSKA, A. (2003): Amber Nodules – A Phenomenon of Nature. – Katalog, 55 S., Muzeum Ziemi / PAN, Warszawa.
POINAR, G. O. jr. (1992): Life in Amber. - 1. Aufl., Stanford Univ. Press, 350 S., Stanford/ Calif.
POINAR, G. O. jr. & POINAR, R. (1994): The Quest for Life in Amber. - 1st ed., Helix Bokks, Addison.Wesley Publ. Comp., Menlo Park/CA, Reading/MASS.
POINAR, G. O. jr. & POINAR, R. (1999): The Amber-Forest - A Reconstruction of a Vanished World. - Princeton Univ. Press, 239 S., New Jersey/USA, Chichester (UK).
POINAR, G. O. jr.; WAGGONER, B. M. & BAUER, U.-C. (1993): Terrestrial Soft-Bodied Protists and other Microorganisms in Triassic Amber. – Science 259: 222-224, Washington.
POINAR, G. O., jr. & MILKI, R. (2001): Lebanese Amber – The Oldest Insect Ecosystem in Fossilized Resin. – Oregon State University Press, 1. Aufl., 96 S., Corvallis.
POPOV, Y. A. (2003): A new flower bugs from Baltic and Ukrainian amber (Heteroptera: Anthocoridae, Lyctocorinae). – Mitt. Geol.-Paläont. Inst. Univ. Hamburg, H. 87: 183-202, Hamburg.
RACHOŃ, E. & GIERŁOWSKI, W. (2000): Amber Room – creation and reconstruction. – VII. Seminarium-Amberif 2000, Muzeum Ziemi, Konferencje Naukowe, Streszczenia referatow 12, 39 S., (poln., engl.), Gdansk/ Warszawa.
RASNITSYN, A. P. (1996): Burmese amber at the Natural History Museum (London). - Inclusion-Wrostek 23: 19-22, Cracow.
REINECKING VON BOCK, G. (1981): Bernstein. Das Gold der Ostsee. - Callwey, 185 S., München.
REINICKE, R. & ERICHSON, U. (1990): Bernsteinmuseum Ribnitz-Damgarten. - Katalog, 24 S., Rostock.
REINICKE, R. (1995): Bernstein - Gold des Meeres.- 3. Aufl., Hinstorf Verl. (Hinstorf-Miniaturen), 80 S., Rostock.
RICE, P. (1998): Amber - The Golden Gem of Ages. - 2. Aufl., The Kosciuszko Found. Incorp., 289 S., New York.
RIEDER, G. (1998): Das Geheimnis des Bernstein-Colliers. - Katalog, Kulturreferat d. Stadt Ingolstadt, 101 S., Ingolstadt.
RITZKOWSKI, S. (2001): The Amber Collection of the Albertus-University at Königsberg/ Russia. – Acta Academica Artium Vilnensis 22: 233-238, Vilnius.
ROSS, A. (1998): Amber - The natural timecapsule. - The Natural History Museum, 73 S., London.
RUDAT, K. (1993): Bernstein - ein Schatz an unseren Küsten. Entstehung - Gewinnung - Verarbeitung. - 3. Aufl., Husum-Druck- u. Verlagsges., 80 S., Husum.
RÜFFLE, L. & HELMS, J. (1970): Waldsteppe und Insektenwelt im Bernstein. Beispiele aus der Bernsteinsammlung des Paläontologischen Museums.- Wiss. Z. Humboldt-Univ. Berlin, Math.-Nat. R. 19 (2/3): 243-249, Berlin.
SAUER, W. (1996): Die Bernsteinvorkommen in der Lausitz. – In: GANZELEWSKI, M. & SLOTTA, R. (1996) Tränen der Götter. Deut. Bergb. Mus. Bochum, Veröff. Deut. Bergb.-Mus Bochum, Nr. 64: 133-138, Bochum.
SAUER, W. (1997): Bernstein in der Lausitz. – Aufschluss, 48: 43-51, Heidelberg.
SAWKIEWICZ, S. (1970): Jantar. -192 S., "Nedra"- Verlag, Leningrad.
SCHELLHORN, S. (2001): „Bernsteinkeller" in Bitterfeld. – Lapis 25 (5): 7, München.
SCHEVEN, I. (2004): Bernstein-Einschlüsse – Eine untergegangene Welt bezeugt die Schöpfung – Erinnerungen an die Welt vor

der Sintflut. – Kuratorium Lebendige Vorwelt e.V., 160 S., Hofheim a. T.
SCHLEE, D. (1980): Bernstein-Raritäten. Farben, Strukturen, Fossilien, Handwerk. - Staatl. Museum f. Naturkunde, 88. S., Stuttgart.
SCHLEE, D. (1984): Bernsteinneuigkeiten. - Stuttg. Beitr. Naturk., Ser. C, Nr. 18: 1-100, Stuttgart.
SCHLEE, D. (1990): Das Bernstein-Kabinett. - Stuttg. Beitr. Naturk., Ser. C, Nr. 28: 1-100, Stuttgart.
SCHLEE, D. (1992): Steckbrief Bernstein. Die komplette Information über das fossile Harz. – Lapis 17 (9): 7-11, München.
SCHLEE, D. & GLÖCKNER, W. (1978): Bernstein. Bernsteine und Bernsteinfossilien. - Stuttg. Beitr. Naturk., Ser. C, Nr. 8: 1-72, Stuttgart.
SCHLEE, D.; HOCK-CHAN, P.; DORANI, J. & VOONG, F. K. (1992): Riesenbernsteine in Sarawak, Nord-Borneo. – Lapis 17 (9): 13-23, München.
SCHLÜTER, T. (1978): Zur Systematik und Palökologie harzkonservierter Arthropoda, einer Taphozönose aus dem Cenomanium von NW-Frankreich. – Berliner Geowiss. Abh., R. A, 9, 150 S., Berlin.
SCHLÜTER, T. (1983): A fossiliferous resin from the Cenomanian of the Paris and Aquitanian basins of Northwestern France. – Cretaceous Res. 4 (3): 265-269, London.
SCHLÜTER, T. & GNIELINSKI, F. V. (1987): The East African Copal - its geologic, stratigraphic, palaeontologic significance and comparison with fossil resins in similar age. - National Museum of Tanzania, Occasional Paper 8: 1-32, Dar es Salaam.
SCHMIDT, A. (2003): Das fossile Harz von Schliersee (Bayerische Alpen) und seine Mikroinklusen. Diss., Friedrich-Schiller-Univ. Jena, Biol.-Pharm. Fak., 107 S., Jena.
SCHMIDT, A.; DÖRFELT, H.; SCHÖNBORN, W. & ZIMMERMANN-TIMM, H. (2002): Neue Einblikke in limnisch-terrestrische Mikrozönosen des späten Mesozoikums. – Deutsch. Ges. Limnologie (DGL), Tagungsber. 2001 (Kiel), 852-857, Tutzing.
SCHMIDT, A.; EYNATTEN, H. V. & WAGREICH, M. (2001): The Mesozoic amber of Schliersee (Southern Germany) is Cretaceous in age. - Cretaceous Research 22: 423-428,
SCHMIDT, A.; SCHÖNBORN, W. & SCHÄFER, U. (2004): Diverse fossil Amoebae in German Mesozoic Amber. – Palaeontology 47 (2): 185-197.
SCHÖNBORN, W.; DÖRFELT, H.; FOISSNER, W.; KRIENITZ, L. & SCHÄFER, U. (1999): A Fossilized Microcenosis in Triassic Amber. – J. Eucaryot. Microbiol. 46 (6): 571-584, Soc. of Protozoologists, Ottawa.
SCHUBERT, K. (1961): Neue Untersuchungen über Bau und Leben der Bernsteinkiefern (*Pinus succinifera* [CONW.] emend.) – Ein Beitrag zur Paläohistologie der Pflanzen. - Geol. Jahrb., Beih. 45: 1-150, Hannover.
SCHULZ, W. (2001): Die Bernsteinvorkommen im Land Mecklenburg-Vorpommern. – Jahresber. Bergbau i. M.-V., Teil III: 29-34, hrsg. V. Wirtschaftsminist. M.-V., Bergamt Stralsund, Schwerin.
SCHULZ, W. (2003): Der Baltische Bernstein in quartären Sedimenten, eine Übersicht über die Vorkommen, die größten Funde und die Bernstein-Museen. – Archiv f. Geschiebekunde 2 (7): 459 – 478, Hamburg.
SCHUMANN, H. & WENDT, H. (1989a): Contribution to the knowledge of animal inclusions from Saxon amber. – Deutsche Entomol. Z. 36 (1-3): 33-44, Berlin.
SCHUMANN, H. & WENDT, H. (1989b): Einschlüsse im Bernstein und ihre wissenschaftliche Bedeutung.- Wiss. Z. Humboldt-Univ. Berlin, Math.-Nat. R. 38 (4): 389-406, Berlin.
SCHWEIGERT, G. (2003): Bernstein im Nusplinger Plattenkalk: Fossilien 20 (2): 74, Weinstadt.
SEMJONOWA, N. & MININ, A. (2003): Das Bernsteinzimmer. Ein Weltwunder kehrt zurück. – 1. Aufl, DuMont Verl. & Trilistnik, 131 S., Moskau/Köln.
SENDELIUS, N. (1742): Historia Succinorum corpora aliena involventium et naturae opere pictorum et coelatorum ex Regiis Augustorum cimeliis Dresdae conditis aeri in sculptorum conscripta. 328 S., Leipzig.
SOCHRANSKAJA, N. N. (1983): Das klare Licht des Bernsteins. - Kaliningradskoe Knischnoe Isdatelstwo, 143 S., Kaliningrad.
SOKOLOVA, T. (1990): Amber-like Fossil Resins of Northern Sibiria. – Prace Muzeum Ziemi 41: 161, Warszawa.
SONTAG, E. (1999): Muzeum Inkluzii. - Gdańska Gazeta Targowa 19 (29): 9-11, Gdańsk.
SOOM, M. (1984): Bernstein vom Nordrand der Schweizer Alpen. – Stuttg. Beitr. Naturkd., Ser. C, Nr. 18: 15-20, Stuttgart.
SPAHR, U. (1981a): Bibliographie der Bernstein- und Kopal-Käfer (Coleoptera). - Stuttg. Beitr. Naturkd., Ser. B, 72: 1-21, Stuttgart.
SPAHR, U. (1981b): Systematischer Katalog der Bernstein- und Kopal-Käfer (Coleoptera). – Stuttg. Beitr. Naturkd., Ser. B, 80, 107 S., Stuttgart.
SPRONSEN, E. A. VAN (1977): Barnsteen. - Gronboor en Hamer 31 (5): 130-151, Oldenzaal.
SREBRODOLSKII, B. (1980): Jantar Ukraini. - 2. Aufl., Verl.Naukowa Dymka, 124 S., Kiew.
SREBRODOLSKII, B. I. (1982): Kleskovskoe amber deposit in Volyn. – Izvestyia Akad. Nauk SSSR Ser. Geolog. 4: 79-86.
STINCHCOMB, B. L. (1998): A few notes on Columbian Amber. - Maps Digist 21 (6): 3-5.
STOLL, W. (1999): Plaffeiite. – Inclusion-Wrostek 30: 24, Cracow.
STOLL, W. (2000): Schweizer Bernstein für das Bernsteinmuseum Bad Füssing. - Kur-Post Bad Füssing 14 (3): 18-19, Bad Füssing.
STOUT, E. C.; BECK, C. W. & ANDERSON, K. B. (2000): Identification of rumanite (Romanian amber) as thermally altered succinite (Baltic amber). – Phys. Chem. Miner. 27 (9): 665-679.
STOUT, E. C.; BECK, C. W. & KOSMOWSKA-CERANOWICZ, B. (1995): Gedanit and Gedano-Succinite. – ACS Symposium, ser. 617: 130-148, Washington DC.
STRÜBEL, G. (1998-2000): Bernstein - Name und Definition in Wissenschaft und Praxis. – Oberhess. Naturwiss. Z. 60: 49-54, Gießen.
STRÜBEL, G. (2001): Bernstein – Name und Definition in Wissenschaft und Praxis. Aufschluss 52: 377-360, Heidelberg.
SÜSS, M. (1957): Feinstratigraphische Untersuchungen zur Deutung der Flözgenese im Gebiet der Tagebaue Goitsche, Holzweißig, „Freiheit“ 1 und „Freiheit“ IV des Bitterfelder Reviers. – Freib. Forsch.-H. C 37: 109-182, Berlin.
The Museum of the World Ocean, Authorities of the „Yantar“ Free Economic Zone, Sea Venture Bureau Ltd. (Hrsg.) (1995): Seminar „Complex Amber Research in Kaliningrad Region“ 13.-16. 6. 1995, und Guide of Geological Excursion along the Coasts of Sambijskij Peninsula. 8 S., Kaliningrad (engl., russ.)
TING, W. S. & NISSENBAUM, A. (1986): Fungi in Lower Cretaceous Amber from Isreal. – Spec. Public. Explor. and Development, Research Cent. Chinese Petrol. Corp., 1-27, Miaoli Taiwan, Rep. China.
TRANYZAS, A. (1991): Palangos gintaro neuziejus (Trumpasvadovas po ekspozicija). - Museumskatalog, 49 S., Vilnius.
TROFIMOW, W. S. (1974): Jantar. - Nedra-Verl., 184 S., Moskwa.
URBAN, J. (2004): Spektakulärer Erstfund eines Flohs. – Fossilien 21 (2): 74, Wiebelsheim.
USAČIOVA, O. (1981): Gintaras - Bibliografine rodyklé. - Lietuvos TSA Valstybine Respublikine Bibliotheka, 203 S., Vilnius. (lit., russ., engl., deutsch.)
VAHLDIEK, B.-W. (1986): Bernstein aus den eozänen Braunkohlen von Helmstedt (Bundesrepublik Deutschland, Niedersachsen). Stratigraphie und Ausbildung. – Aufschluss 37 (5): 165-177, Heidelberg.
VAHLDIEK, B.-W. (2001): Auf der Suche nach dem Bernsteinproduzenten von Helmstedt. – Arbeitskreis Paläontologie Hannover 29 (2): 32-57, Hannover.
VASI, M. & KOZMA, K. (1997): Das Ajkaer Bergbaumuseum. – 74 S., Ajka.
VÁVRA, N. (1982): Bernstein und andere fossile Harze. – Z. Dt. Gemmol. Ges. 31 (3): 213-254, Idar-Oberstein.
VÁVRA, N. (1994): Identification of Low Molecular Weight Organic Compounds from Austria's Fossil Resins by Mass Spectroscopy. – Intern. Mineral. Ass., 16th General Meeting, 4.-9. Sept. 1994, Pisa, Abstr., S. 423, Pisa.
VAVRÁ, N.; BOUSKA, V. & DVORAK, Z. (1997): Duxite and its geochemical biomarkers („Chemofossils“) from Bilina open-cast mine in the North Bohemian Basin (Miocene, Czech Republic). – N. Jb. Geol. Paläont., Mh. 1997 (4): 223-243, Stuttgart.
WEITSCHAT, W. & WICHARD, W. (1998, 2002 [engl.]): Atlas der Pflanzen und Tiere im Baltischen Bernstein. - Verl. Dr. F. Pfeil, 256 S., München.
WEITSCHAT, W. & W. WICHARD (2002): Atlas of Plants and Animals in Baltic Amber. – 2nd rev. and updated ed., Verl. Dr. F. Pfeil, München.
WERMUSCH, G. (1991): Die Bernsteinzimmer-Saga. Spuren, Irrwege, Rätsel. - 1. Aufl., Ch. Links Verl., 158 S., Berlin.
WICHARD, W. & WEITSCHAT, W. (1996): Wasserinsekten im Bernstein. Eine paläobiologische Studie. - Entom. Mitt. Löbbecke-Museum u. AQUAZOO, Beih. 4: 1-122., Düsseldorf.
WICHARD, W. & WEITSCHAT, W. (2004): Im Bernsteinwald. – Gerstenberg Verlag, 168 S., Hildesheim.
WIMMER, R.; HOLZ, U. & RASCHER, J. (2004): Bitterfelder Bernstein. – Lagerstätte, Rohstoff, Folgenutzung. – Ges. Geol. Wiss. e.V., Exkursionsf. u. Veröfftl., GGW Berlin 224, H. 16, 85 S., Berlin.
WINKLER, W. (2004): Advantages of FT Ra-

man spectroscopy in amber research. – Prace Muzeum Ziemi 47: 29-35, Warszawa.

Wu, R. J. Ch. (1998): Secrets of a lost World. Dominican Amber and its inclusions. - Selbstverlag, 222 S., Santo Domingo.

Yamamoto, S.; Otto, A.; Krumbiegel, G. & Simoneit, R. T. (2005): The natural productbiomakers in succinite, glessite and stantienite ambers from Bitterfeld, Germany. – Review of Palaeobotany and Palynology (im Druck).

Żak, M. et al. (2004): MYRTA BERNSTEIN – das Leben und Werk von LUCJAN MYRTA. – 303 S.; Verlag Excalibur Bydgoszcz, Gdańsk.

Zalewska, Z. (1974): Amber in Poland. A guide to the exhibition. - Muzeum Ziemi, Polska Akad. Nauk, 121 S., Warsaw.

Zherikhin, V. V. & Sukatschewa, J. D. (1973): O melovych nasekomonosnych „Jantarjach" (Retinitach) severa Sibiri. – Izdatelstvo „Nauka" Leningradskoe Otelenie (1971): 3-48, Leningrad.

Zherikhin, V. V. & Ross, A.J. (2000): A review of the history, geology and age of Burmese amber (Burmite). – Bull. Nat. Histor. Museum, London, Geology 56 (1): 3-10, London.

Ziegler, G. & Liehmann, G. (2004): Gewinnung und Verwertung von Bitterfelder Bernstein. - Exkursionsf. u. Veröff. GGW Berlin 224 (2004): 36-44, Berlin.

Zobel, A. M. (1999): Cedarite and other fossil resins in Canada. – In: Kosmowska-Ceranowicz, B. & Paner, H. (ed.): Investigations into Amber. – S. 241-245, Gdańsk.

Zompro, O. (2001): Neue Insektenordnung entdeckt. – (Gespensterschrecke Balticophasma lineata). – Fossilien, 18, 6: 331, Weinstadt/Korb.

Zompro, O. (2002): Sensation im Bernstein. – Fossilien 19 (6): 369-370, Weinstadt/Korb.

Register

Seit Urzeiten übt Bernstein eine geheimnisvolle Anziehungskraft auf den Menschen aus. Schon vor 10.000 Jahren handelten die Menschen der Altsteinzeit mit Bernstein und schmückten sich damit. In der Antike tauschten die Bewohner des Ostseeraumes Bernstein gegen Luxuswaren und zerbrachen sich griechische Philosophen den Kopf über Entstehung und Eigenschaften des Bernsteins. Bis heute hat Bernstein nichts an seiner Faszination verloren, wie die zahlreichen Spekulationen und Berichte über das 8. Weltwunder, das sogenannte Bernstein-Zimmer zeigen. Günter und Brigitte Krumbiegel verfolgen in diesem Buch die Spuren des Bernsteins durch die geologische Erdgeschichte und die Menschheitsgeschichte bis zur Gegenwart. Sie behandeln die vielen Arten und Varianten sowie deren Farben, Naturformen und Imitationen, sein geologisches Alter und seine geographische Verbreitung. Sie erklären Entstehung, Gewinnung und Abbau dieses wertvollen Harzes. Mit prachtvollen Fotos werden die Inklusen, das sind die pflanzlichen und tierischen Einschlüsse im Bernstein, präsentiert und gedeutet. Neu hinzugekommen sind in dieser 3., überarbeiteten Auflage vier Kapitel: „Bernsteinimitationen", „Bernsteinklumpen", „Bernstein in der Kunst" und „Das Bernsteinzimmer in St. Petersburg". Eine Auswahl an wichtigen Institutionen und Museen, in denen mit dem fossilen Harz wissenschaftlich oder museologisch gearbeitet wird, sowie ein umfassendes Literaturverzeichnis schließen dieses wunderbar illustrierte Buch ab.

Von den selben Autoren ist bereits der Titel **„Faszination Bernstein"** (Best.-Nr. 494-01353) erschienen.

edition Goldschneck im Quelle & Meyer Verlag